数学分析应该这样学

[英] 劳拉·阿尔柯克 著　唐璐 译

How To Think About Analysis

Lara Alcock

湖南科学技术出版社
·长沙·

译者序言

从中学跨入大学时，学生们都面临一个巨大的挑战，那就是高等数学(或数学分析)的学习。对于理工科学生来说，学好高等数学的重要性无需赘言，大量专业课程都需要扎实的数学基础。作为进入大学后最重要的第一门课，学好高等数学十分有利于学生建立自信，同时掌握在大学阶段自主学习的能力和方法。因此对于理工科大学生，可以毫不夸张地说，得数学者得天下。

但是学好高等数学并不容易，无数天之骄子折戟于此。高等数学之所以难以学好，首要原因在于，高等数学与中学时代的初等数学存在本质差别。初等数学强调计算，重点在于通过反复练习掌握解题技巧。高等数学则强调严格性和证明，追求的是从简单的定义和公理出发，通过逻辑推理和证明，将理论大厦搭建得无比牢固。

沿用以往的成功经验是人类学习的本质特征，同时也是人类的认知弱点。金榜题名的莘莘学子是中学学习的成功者，他们中的很多人习惯性地沿用中学成功的学习经验，认为高等数学是在中学数学的基础上学习更高层的知识。而实际上高等数学除了学习更高层的知识，更重要的是向下延伸，探究数学的基础和本质。而且与中学阶段老师的循循善诱不同，大学阶段的约束较少，更强调自主学习。中学阶段一帆风顺的学生进入大学后一旦遭受学习挫折，往往茫然无措，自信心遭受极大打击，甚至有的同学就此一蹶不振，开始怀疑自己的学习天赋。

这本书的目的就是在初等数学和高等数学之间搭起一座桥梁，让学生顺利过渡到大学阶段。作者劳拉·阿尔柯克教授是英国拉夫堡大学著名数学教育家，从事数学教学和教育研究多年，具有丰富的数学教学和研究经验。本书内容分为两部分，第一部分讲解什么是高等数学，以及高等数学如何从定义和公理出发，以证明为手段搭建一致的数学理论，同时为同学们制定了最优的高等数学学习策略，并告诉同学们如何在心理上应对初学阶段难免的挫折感；第二部分以深入浅出的方式讲解高等数学中的关键核心概念，包括序列、极限、连续、可微、可积和实数等，为学生的后续学习打下坚实的基础。这本书虽然讲的是最艰深的科目，但风格平易近人，娓娓道来，让人如沐春风，不忍释卷。

如作者所言，读这本书的最佳时机是进入大学之前的暑假，当然这本书也适合已开始学习高等数学甚至学过高等数学但感到困惑的同学阅读。这本书在欧美已成功帮助无数学生顺利跨入高等数学的大门，希望在今后也能帮助更多的中国学生领略高等数学的风采。

序

序言描述了这本书与普通数学分析课本的差异，并解释了为什么这么写。

这本书不是课本，是给需要学习《高等数学 A》或《数学分析》的大学生阅读的入门引导书，已学过数学分析但感到挫败的同学也可以读。写这本书的目的是帮助大学新生从中学的初等数学顺利过渡到高等数学的学习，掌握学习方法，训练学习能力。这本书是用来读的，当然不是读小说，但也可以读得相当快。很多人不习惯通过阅读来学习数学，研究发现一些人甚至无法有效阅读。这本书鼓励流畅阅读，使读者免于深陷定义和证明的泥潭，由于停滞不前而很快灰心丧气。

但这本书也不回避数学的形式化。虽然书的内容是对数学分析核心概念的严肃讨论，但是会尽量浅显易懂。讨论会基于学生的知识基础，提醒日常思维的局限，澄清常见的误解，并解释形式化定义和定理是怎样捕捉直觉思维。我希望用一种自然平和的叙述风格来引导学生发展严谨的数学思维，为大学学习铺平道路。

出于这样的目标，这本书的结构也不同于课本。第 I 部分有 4 章，讲的不是数学分析的具体知识，而是数学理论的基本结构，以及该如何认识数学理论。第 I 部分还引入了一些数学标记法，但不需要预备知识。为了让初学者阅读起来更自然，标记法和定义会在需要的时候才引入，随后会详细解释其意义。

整本书的深度并非都是一样的。第Ⅱ部分会详细阐释数学分析的核心概念，重点讲解具有逻辑挑战性和学生经常感到困难的地方。这部分讨论了一些重要的定理和证明，其中一些用来介绍对整门课程都有用的策略和技巧，还有一些是为了引出违反直觉的结论并进行解释。另外还给出了一些相关的定理，但没有深入讨论，而是提示读者该怎样去理解它们，以及它们是如何构成连贯一致的数学理论。

总的来说，这本书是帮助同学们理解数学分析，理解掌握定义、定理和证明的策略，而不是侧重于解题和证明技巧。一些数学专家对此可能会有不同看法，他们更看重构造证明的能力。我这样做出于三个原因。

首先，有很多同学学习数学分析是死记硬背，没怎么理解。这很不好，尤其是一些学生以后还会当老师。如果老师自己都认为数学分析没有直观意义，那就太糟了。讲授数学分析这样的课程，应该让学生理解其思想精髓，领悟证明的精妙之处，这样才能鼓励学生继续深入学习。

其次，即使是那些成功的同学，在初学数学分析时也会感到很困难。有种观点认为这种困难对他们有好处，对于那些能克服困难的学生，这个过程能为他们打下更牢固的基础。我原则上同意这种观点，但我认为我们应该脚踏实地。如果困难大到大部分人都无法克服，那就过犹不及。

最后，大部分数学课的教授方式仍然是通过讲课。很少有同学能在课堂上掌握所有细节，因此自主学习的能力很重要。研究表明大部分同学在一定程度上都具备这种能力，但不清楚具体该如何做。这本书要解决的就是这个问题；这本书的目的之一是告诉那些准备学习数学分析，但还不清楚该怎么学的同学具体该如何做。

没有诸多数学教育和心理学研究者的努力，就不可能有这本书。例如，第 3 章的自我解释练习是我与 Mark Hodds 和 Matthew Inglis 合作开发的(Hodds，Alcock & Inglis，2014)，参考了许多研究学术阅读的文献(Ainsworth & Burcham，2007；Bielaczyc，Pirolli & Brown，1995；Chi，de Leeuw，Chiu & LaVancher，1994；等等)。自我解释练习的教

师参考手册可以免费下载(http://setmath.lboro.ac.uk)。

真诚感谢 Heather Cowling、Ant Edwards、Sara Humphries、Matthew Inglis、Ian Jones、Chris Sang-win 和 David Sirl 审读了书稿并给出了宝贵意见。Chris Sangwin 画了封面的科赫雪花图。感谢牛津大学出版社的 Keith Mansfield、Clare Charles、Richard Hutchinson 和 Viki Mortimer 等，他们的勤勉工作让这本书的写作和出版成为了一种享受。最后，这本书要献给 David Fowler，他教我学会了数学分析；献给 Bob Burn，他的《数与函数：通往分析的阶梯》对我的学习和教学有很大帮助；还要献给我的研究生导师 Alan Robinson，他告诉我该怎么努力，并鼓励我写书，我听从了他的意见，结果证明，我的确很喜欢为大学生写数学书。

目　录

引言

引言简要介绍这本书的目的和结构，概括了书中内容，解释了与典型的数学分析课程的关联。

数学分析优雅精巧，但也的确很难。很多人会告诉你这一点，包括那些非常成功的数学家。如果你去问老师，他们大部分都会认为数学分析很美妙，但很难入门。这本书不会让它变得容易——那是不可能的，因为其基本定义的逻辑复杂性超过了日常观念的复杂性，与中学数学相比，数学分析对逻辑推理的要求陡然升高。这本书要做的是以尽量浅显直观的方式阐释这些定义以及相关的定理和证明。与典型的数学分析课本相比，这本书更侧重基础知识，不仅解释数学概念，还会告诉同学们该如何应对学习这些内容时遇到的心理挑战。书中还强调了常见的错误、误解和混淆的根源，有些是因为这门课很难，有些则是因为滥用了初等数学的经验。书中也解释了分析的形式化为什么初学时会感觉如此怪异，而一旦你掌握了又是如此自然。

受限于篇幅，这本书无法涵盖太多内容，数学分析课前面部分的内容就比这里要多。但是，通过认真学习基础知识，培养的技能将能应用于整门课程，并为学习更高级的内容提供坚实基础。

因此，这本书的第一部分专门讲解学习高等数学的方法和策略。与《如何攻读数学学位》一书相比，这本书对这方面的讲解更为简略。数学专业的新生可以先看那本书。这本书更侧重于《高等数学 A》和《数学分析》的学习；在讲解如何研读证明时，也是以数学分析为例。我建议所有读者都从第Ⅰ部分开始，即使你对大学数学已有一定了解，这部分给出的建议将适用于整个学习过程。

第Ⅱ部分重点讨论 6 个方面的内容：序列、级数、连续、可微、可积和实数。各个院校的数学分析课程对这些内容各有侧重。一些院校从序列和级数开始，后续还会开设关于连续、可微和可积的课程。一些院校则是将这些内容与微积分关联起来。实数可能会与序列和级数放到一起，也可能在数学基础、数论或抽象代数中学习。第Ⅱ部分每章的开头会对内容进行概述，你可以参考你的课程大纲，以安排阅读计划。

你最好是在上数学分析课之前读完这本书，比如进入大学之前的暑假。这本书的目标读者是准备开始学习高等数学的学生。但我希望这本书也能帮助那些已经开始学习数学分析的同学，即使就要考试了，也可以通过阅读本书来增进对课程的理解。

在开始阅读之前，有一个重要的注意事项：不要抱着速战速决的态度读这本书。你可以快速阅读其中一些内容，但你应该努力从整体上思考，虽然这样读书有时会让你停滞不前。我的建议是有策略地阅读。每一节都要勇敢尝试，但是如果你在某个地方被难住了，不要担心，你可以放一张书签，然后继续下一节，或者下一章。每一章都或多或少包含了一些挑战性内容，所以这样做可以让你继续前进，并且你可以随时回头再试。

Ⅰ. 数学分析怎么学

第Ⅰ部分介绍该如何有效地学习和思考数学分析。第 1 章简要展示数学分析是什么样子。第 2 章介绍公理、定义和定理，演示了如何用例子和图阐释抽象命题。第 3 章讲解证明，解释数学理论是如何构造的，指导如何阅读和理解逻辑证明。第 4 章给出学习建议，如何跟上进度，如何避免浪费时间，如何充分利用各种资源，比如笔记以及同学和老师的支持。

1.
与分析的初次相遇

这一章展示了分析中的定义、定理和证明是什么样子；引入了一些标记法，并解释了如何使用分析中的标记和术语；指出了这类数学与以前学习的数学的区别，并对如何学习大学数学课程给出了初步建议。

数学分析不同于初等数学，要想理解它需要拓展新的知识和技能。为了帮助你认识到这一点，下面展示了分析课程中的一个典型示例。你不用现在就理解这些内容——这本书的目的就是教你理解它所需的技巧，序列收敛会在第 5 章讲解。这里给出这些内容的目的是让大家意识到，分析的要求是很高的。所以，尽你所能先读一下，然后继续。

定义：$(a_n)\to a$ 当且仅当

$\forall\varepsilon>0$，$\exists N\in\mathbb{N}$ 使得 $\forall n>N$，$|a_n-a|<\varepsilon$。

定理：设 $(a_n)\to a$ 且 $(b_n)\to b$，则 $(a_nb_n)\to ab$。

证明：设 $(a_n)\to a$ 且 $(b_n)\to b$。

则对于任意的 $\varepsilon>0$，$\exists N_1\in\mathbb{N}$，

使得 $\forall n>N_1$，$|a_n-a|<\dfrac{\varepsilon}{2|b|+1}$。

由于所有收敛序列都有界，所以 (a_n) 有界。

因此 $\exists M>0$ 使得 $\forall n\in\mathbb{N}$，$|a_n|\leqslant M$。

对于这个 M，$\exists N_2\in\mathbb{N}$ 使得 $\forall n>N_2$，$|b_n-b|<\dfrac{\varepsilon}{2M}$。

令 $N=\max\{N_1, N_2\}$，则 $\forall n>N$，

$$
\begin{aligned}
|a_nb_n-ab| &= |a_nb_n-a_nb+a_nb-ab| \\
&\leqslant |a_n(b_n-b)|+|b(a_n-a)| \text{（根据三角不等式）} \\
&= |a_n||b_n-b|+|b||a_n-a| \\
&< \frac{M\varepsilon}{2M}+\frac{|b|\varepsilon}{2|b|+1} \\
&< \frac{\varepsilon}{2}+\frac{\varepsilon}{2}=\varepsilon。
\end{aligned}
$$

因此 $(a_nb_n)\to ab$。

你的数学分析课本中有很多这样的内容。一方面，学习复杂的高等数学很令人兴奋。另一方面，很多初次接触这些的学生根本不得要领。对他们来说，每一页看起来都差不多：充斥着“ε”“ℕ”“∀”和“∃”之类的符号，不知所云。这本书将帮助你理解这些：抓住它的关键，领会这些是如何组合到一起构成连贯的理论，并能够欣赏这些数学构造的精妙之

处，收获智识上的愉悦。现在你只需注意到其中一些重要特点。

首先要注意的是其中包含大量标记和缩写。下面的表给出了每个标记的含义：

(a_n)	一个序列(通常读作“a n”)
$\rightarrow$	“趋向于”或“收敛于”
$\forall$	“对任意”或“对所有”
ε	epsilon(希腊字母，这里用作变量)
$\exists$	存在
$\in$	“属于”或“…是…的元素”
$\mathbb{N}$	自然数集(1，2，3，…)*
max	取最大值
$\{N_1, N_2\}$	包含 N_1 和 N_2 的集合

有了这张表，虽然你可能不理解前面的内容，但至少知道怎么读。请尝试朗读一遍，必要的话参考一下表中的含义。努力读通顺，直到习以为常。数学文本虽然有很多标记，但也可以像其他文本一样朗读。你可能要练习一段时间才能读得流利，但你应该努力做到这一点。如果读数学书时把太多精力用于应付那些标记和其含义，就很难理解内容。所以抓紧练习，虽然一开始感觉有点慢和不自然。不要总指望老师来帮你读，你要自己做到。

符号的主要作用是缩写，让我们能用简洁的形式表达数学思想。因此我很喜欢它们，但有些老师担心学习新符号会占用学生的脑力资源，干扰他们对新概念的理解，因此倾向于避免使用符号，宁愿用文字表述。这种担心是可以理解的，习惯新符号确实需要一段时间。但我认为用到的符号

* 本书自然数定义为不含0的自然数。——译者注

种类其实并不多，而且它们赋予我们的力量值得我们为之努力。所以这本书会直接使用这些符号。虽然我希望自己能证明这种方法是最好的，但其实我不能，这只是个人偏好。书前的符号表列出了书中用到的所有符号。

其次要注意的是，前面的示例包含一个定义、一个定理和一个证明。前面的定义是说明序列收敛到极限的意义。目前它的意义可能不是那么显而易见，但不要担心，第 5 章将对此详细讨论。中间的定理是一个一般命题，说的是如果将两个收敛序列逐项相乘会发生什么。你们可能知道这是什么意思，并且同意这个定理似乎是合理的。后面的证明则是论证这个定理是正确的。这个证明利用了收敛的定义。你可能注意到，定义中使用的一些符号串在证明中也出现了。证明首先假设两个序列(a_n)和(b_n)符合前面的定义，然后得出结论序列(a_nb_n)也符合这个定义。需要经过一番思考才能明白这个论证是如何构造的，这本书将会教你理解其中的结构，5.10 节会回到这个证明。

示例中并没有可以依葫芦画瓢的解题步骤。认识到这一点很重要。那些在学习初等数学时只会跟着步骤做的学生，往往很难适应高等数学的学习。他们不明白为什么这样做，只会到处找步骤；找不到就会很困惑。数学分析——同许多高等数学一样——是一种理论：由一般性结论构成的网络，通过证明的逻辑链条连接起来(见第 3 章，尤其是 3.2 节)。证明对于满足定理前提的所有对象都成立(见 2.2 节)，这意味着它可以重复应用于特定对象。数学分析并不关注重复的计算，它的重点是理论的构建：定理、证明以及对于它们的思维方式才是你应该学习和理解的。

最后要注意的是，达成这种理解是你的责任。当然，数学分析课的老师和助教会面对面教你，会尽力帮助你学习。但你需要上大课，在课堂上老师不可能兼顾所有学生，很多时候你无法在课堂上消化所有内容。因此你需要能够自己搞明白。这本书的目的就是帮助你做到这一点，下一章我们先来了解数学理论是由什么组成的。

2.
公理、定义和定理

这一章讲的是数学理论的基石：公理、定义和定理；解释了它们典型的逻辑结构，用罗尔定理和“上界”的定义展示了如何将它们与例子和图联系起来，讨论了图的作用和局限性；最后，讨论了反例以及定理与其逆定理的差异。

2.1 数学的组成

像分析这样的数学理论主要是由公理、定义、定理和证明组成。这一章讨论前三者，证明将在第 3 章单独讨论。即使你已经在上数学分析课，并且主要是觉得证明很难，我还是建议你不要跳过这一章。如果没有理解相关的公理、定义和定理，或者没有理解证明应该如何与它们关联，证明就会有困难。

分析中的许多公理、定义和定理都可以用图表示。有些人喜欢用图帮助理解，也有人不喜欢。我喜欢图，因为我觉得图有助于理解抽象内容，我会在书中大量使用图。这一章我会演示如何用图表示特例和一般性例子。我也会提醒你注意图的局限性，以及超越图形直觉思维的重要性。读过《如何攻读数学学位》的人会对这一章的内容感到熟悉，这里的讨论更简明扼要，也更针对数学分析。

2.2 公理

公理是数学家一致同意为真的命题；公理是我们发展理论的基础。在数学分析中，公理被用来阐明关于数、序列和函数等的直观概念，所以你的经验通常能让你认同它们为真。例如：

$\forall a, b \in \mathbb{R}, a+b=b+a$；

$\exists 0 \in \mathbb{R}$ 使得 $\forall a \in \mathbb{R}, a+0=a=0+a$。

请大声朗读。以下是相关的符号和缩写：

$\forall$	“对任意”或“对所有”
$\in$	“属于”或“…是…的元素”
$\mathbb{R}$	实数集
$\exists$	存在
s. t.	使得

例如

$$\forall a, b \in \mathbb{R}, a+b=b+a$$

读作

“对任意实数 a 和 b，a 加 b 等于 b 加 a。”

有些公理有名字，可能写在公理前后，例如：

$\forall a, b \in \mathbb{R}, a+b=b+a$[加法交换律]；

$\exists 0 \in \mathbb{R}$ 使得 $\forall a \in \mathbb{R}, a+0=a=0+a$[加法单位元存在性]。

你能通过这些公理明白交换和加法单位元的含义吗？你能不能用自己的话准确解释这些概念？

第 10 章会详细讨论实数公理，并介绍我们在用这些术语思考数学理论时所做的有趣的哲学选择。

2.3 定义

定义是对一个数学概念的意义的精确表述。在数学分析中，你会遇到各种定义，既有新概念也有你熟悉的概念。也许会出乎你意料的是，熟悉的概念会给你造成更多麻烦。究其原因有二。首先，与你之前的理解相比，有些定义要复杂一些，复杂是因为有这个必要。你会逐渐学会欣赏它们的精确性，但需要付出努力才能掌握，你可能得多思考一下为什么概念不是那么简单。其次，有些概念的定义并不完全符合你的直觉认识，所以你的直觉与形式化理论偶尔会产生冲突，如果必要的话，你必须消除冲突并超越你的直觉。

因此，熟悉概念的定义会放在第Ⅱ部分讨论。这一章先介绍一些不太熟悉的概念的定义(至少还没有接触过高等数学的读者不熟悉)，并通过这些定义来展示学习定义的技巧：将定义与更多例子关联，画图帮助思考和严格使用定义。

下面给出第一个定义，我用了两种表述形式，第一种使用标记，第二种(几乎)所有内容都用文字表述。这是为了便于你朗读，但后面不会再这样做，所以请抓紧机会练习。

定义：函数 f：$X \to \mathbb{R}$ 在 X 上**有上界**，当且仅当

$\exists M \in \mathbb{R}$ 使得 $\forall x \in X$，$f(x) \leqslant M$。

定义（文字表述）：从集合 X 映射到实数的函数 f 在 X 上**有上界**，当且仅当存在实数 M，使得对于 X 中的所有 x，$f(x)$小于或等于 M。

这样的定义在数学分析中很常见。它们的结构遵循一定的套路，请注意两点。首先，每个定义都是定义一个概念——这个定义定义了某个函数的**有上界性**。被定义的概念通常印成斜体或粗体；手写的笔记可以加下划线。其次，这个概念是**当且仅当**某事为真时适用。用一个更简单的定义可以帮助我们理解这一点：

定义：n 是**偶数**，当且仅当存在整数 k 使得 $n=2k$。

将其拆分开可以帮助你明白为什么“当”和“仅当”都需要：

n 是偶数，**当**存在整数 k 使得 $n=2k$。

n 是偶数，**仅当**存在整数 k 使得 $n=2k$。

有时候你可能会看到只有“当”的定义。我认为这并不合适，但许多数学家这样做，那是因为他们知道那是什么意思。

你理解了**有上界**的定义吗？我们将在后面详细讨论。

2.4 将定义与例子关联

理解新定义的一种方法是将它们与例子关联起来。这听起来很简单，但是重要的是要搞清楚，当数学家说“例子”时，他们通常不是说演示如

何进行某种计算的示例，而是指满足某种性质或性质组合的特定对象(可能是函数、数、集合或序列)。不搞清楚这一点会导致老师和学生沟通不畅。学生说“我们想要更多例子”，意思是想要更多计算示例，而老师则认为，“你在搞什么？我已经给了这么多例子”，意思是满足所讨论的性质的对象例子。高等数学的重点不是计算，而是理解概念之间的逻辑关系，所以计算的示例不多。对象例子更重要，通过一些关键例子可以澄清逻辑关系，帮助你理解。因此，你们的老师肯定会用例子来解释定义。但是，我希望你们能够具备自己构造例子的能力，这样就不必依赖老师了；在这一节和下一节，我将展示一些构造例子的方法。

为了方便，这里再次给出“有上界”的定义(如果你已经理解了这个定义，那很好，但我还是建议你阅读下面的阐释，因为它能帮助你超越你最初的理解)。

定义：函数 f：$X\to\mathbb{R}$ 在 X 上**有上界**，当且仅当

$$\exists M\in\mathbb{R} \text{ 使得 } \forall x\in X,\ f(x)\leqslant M。$$

这个定义定义了函数 f：$X\to\mathbb{R}$ 的一个性质，f 的输入是集合 X 的元素，输出是实数。很多人在构想函数时，第一个想到的是 $f(x)=x^2$，我们就从它开始。注意，这个函数是针对实数定义的，所以它的定义域是 $X=\mathbb{R}$，它是一个 f：$\mathbb{R}\to\mathbb{R}$ 函数，要确定这个函数是否有上界，就要问是否符合定义。将所有信息代入定义，f：$\mathbb{R}\to\mathbb{R}$ 函数 $f(x)=x^2$ 在 $\mathbb{R}$ 上**有上界**当且仅当：$\exists M\in\mathbb{R}$ 使得 $\forall x\in\mathbb{R}$，$x^2\leqslant M$。请检查确定自己明白了。

符合定义吗？是否存在一个实数 M，使得对于所有实数 x，$x^2\leqslant M$？这对你可能很容易，不过还是提醒一下，要理解这样的定义，从后往前会容易一些。这个定义的最后一句是“$f(x)\leqslant M$”，也就是要检查纵轴[①]

① 你可能习惯称之为 y 轴。没错，但我们经常是记为 $f(x)$ 而不是 y，因为这样更便于处理多个函数(数学分析中经常要这样做)或多变量函数(多元微积分中很常见)。

的值是否小于或等于 M：

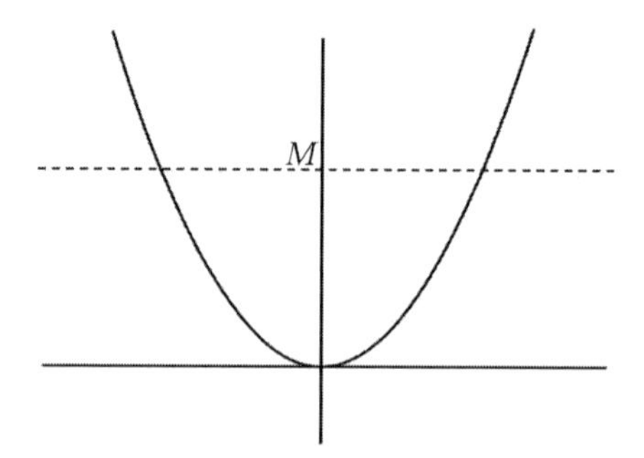

对于图中标示的这个 M，定义域 $\mathbb{R}$ 中有些 x 对应的 $f(x)\leqslant M$，有些则没有。所以对于这个 M，$\forall x\in\mathbb{R}$，$f(x)\leqslant M$ 不为真。但我们感兴趣的是**是否存在** M 使得 $\forall x\in\mathbb{R}$，$f(x)\leqslant M$。存在这样的数吗？不存在。即使 M 非常大，仍然会有 x 使得 $f(x)>M$。所以这个函数不符合定义，这意味着它在集合 $X=\mathbb{R}$ 上没有上界。

2.5 将定义与更多例子关联

思考一个在某个集合上**有**上界的函数，我们可以做三件事。第一件事可能是最明显的：思考各种函数。你能想到一个有上界的函数吗？你能不能想到很多这样的函数？我们可能会想到 f：$\mathbb{R}\to\mathbb{R}$ 函数 $f(x)=\sin x$，它有上界 $M=1$，因为 $\forall x\in\mathbb{R}$，$\sin x\leqslant 1$。$M=2$ 也是它的上界，因为 $\forall x\in\mathbb{R}$，$\sin x\leqslant 2$ 也为真(定义没有说 M 必须是“最小”上界)。我们还可以考虑常函数，$f(x)=106$(意思是 $\forall x\in\mathbb{R}$，$f(x)=106$)。这个函数很乏味，但它是函数，而且有上界。或者我们可以考虑 f：$\mathbb{R}\to\mathbb{R}$ 函数$f(x)=3-x^2$。例如 3 就是它的上界。但它没有下界。你能写出有下界的定义并确证这一点吗？你能想出一个既没有上界也没有下界的函数吗？

我们可以做的第二件事是改变集合 X。大学新生很少这样思考，因为初等数学中最常见的是实数映射到实数的函数。但我们完全可以将定义域限定为，比如说，集合 $X=[0, 10]$（包含 0 和 10 以及中间所有数的集合）。f：$[0, 10]\to\mathbb{R}$ 函数 $f(x)=x^2$ 在$[0, 10]$上有上界，$M=100$，因为$\forall x\in[0, 10]$，$f(x)\leqslant 100$。还有其他 M 吗？

最后，我们可以不限于具体的函数，还可以想象一般函数。为了从一般角度理解这个定义，我们可以这样画图或想象：

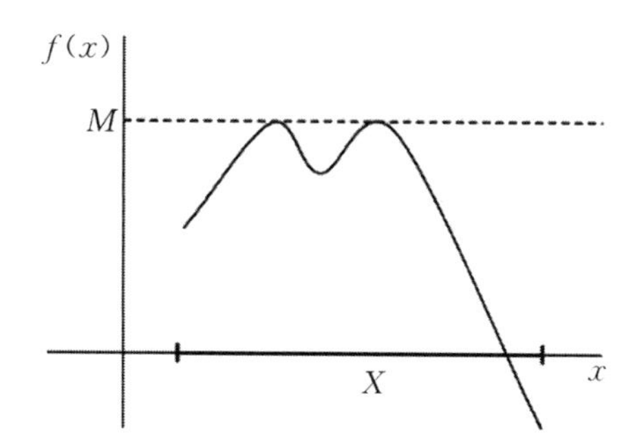

这个图表示集合 X（x 轴加粗部分）上的一个函数，因为对于每个 $x\in X$ 都有一个对应的 $f(x)$。但是它没有具体的表达式，这没问题，因为上界定义适用于所有函数，而不仅仅是那些可以解析表达的函数。我还尽量体现了定义的方方面面。例如，图中给出的是一个有限集 X，而不是假设 $X=\mathbb{R}$。我画的是只在集合 X 上定义的函数。学生们习惯想到在整个 $\mathbb{R}$ 上定义的函数，但这不是必须的。我还在纵轴上标注了一个特定的 M，画了一条水平线，这样就可以清楚看到所有的 $f(x)$值都不高于这个 M 值。最后，我在几处使 $f(x)$等于 M，以体现这是允许的。

这些都与定义中明确出现的信息有关。我还可以在图中添加更多内容，展示我自己的理解，或者向其他人解释这个定义。例如，我可以添加另一个上界，以说明更大的 M 值也是上界，还可以加注释：

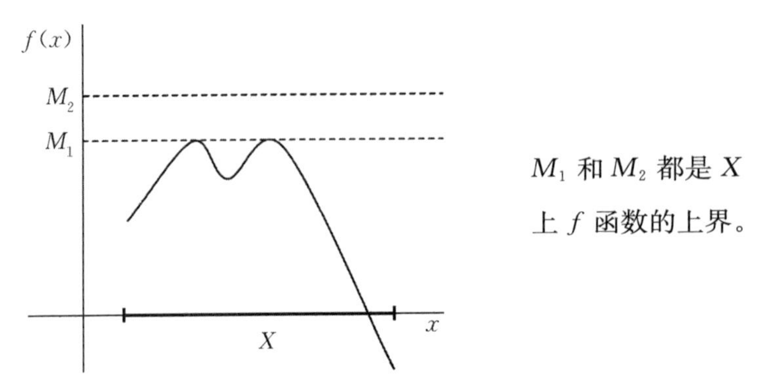

M_1 和 M_2 都是 X 上 f 函数的上界。

我也可以将曲线向两边扩展，以强调这样一个事实，函数是在集合 X 上有界，上界定义对 $x \notin X$（符号“$\notin$”表示“不属于”）的 $f(x)$ 值没有任何限制：

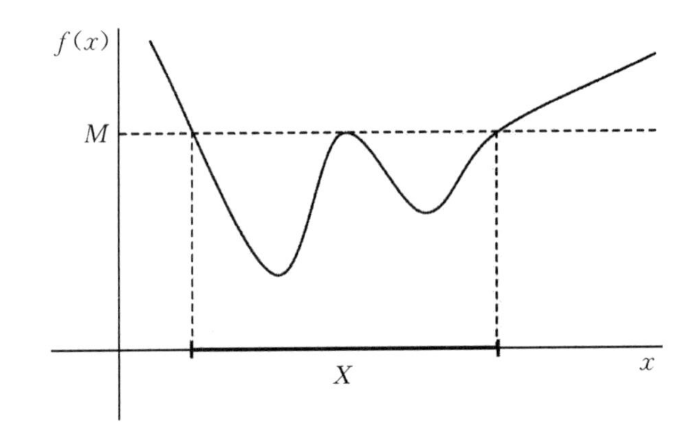

还可以考虑更复杂的集合 X。你不一定要进行这种探索，但我认为这很重要，它能更全面地呈现定义的意义，而你的老师可能没有时间深入阐释每个概念。老师在讲解定义的时候可能只给出一两个例子（或反例），并假设你自己会举一反三。

2.6 严格使用定义

后面的章节将给出许多具体的定义，并指导如何在证明中使用这些定义。这里我想强调一下严格使用定义的重要性。为了解释这一点，下面给出另一个定义：

定义：M 是集合 X 上函数 f 的上界当且仅当 $\forall x \in X$，$f(x) \leqslant M$。

这个定义和前面的定义的核心思想是一样的。但前一个是定义函数在集合上的有界性，是关于函数的。而这个则是定义一个数是集合上某个函数的上界，是关于数的。这个区别很微妙，但数学家重视这个。假设有题目问 M 是集合 X 上函数 f 的上界意味着什么，这就要用到第二个定义。学生给出的答案经常有两种典型缺陷。第一种是给出一个非形式化的答案，比如说："意味着函数在 M 下面。"当我看到这样的答案时，就知道这位同学已经理解了概念的某些内容，但却没有领会高等数学的严格性特征。第二种是给出函数有上界的定义，而不是 M 是函数上界的定义。这个答案没错，但得不了满分，因为答非所问。

不注意的话，事情有时候会变得更糟糕。我们来看第三个关于有界性的定义：

定义：集合 X 有上界当且仅当 $\exists M \in \mathbb{R}$ 使得 $\forall x \in X$，$x \leqslant M$。

同学们经常将这个与函数 f 在集合 X 上有上界的定义混淆。但是看仔细：**这里没有函数**。这个定义说的不是函数在集合上有上界，而是**集合**有上界；与 M 比较的是 x。下面是一个有界集合的例子：

$\{x \in \mathbb{R} \mid x^2 < 3\}$（"使得 x^2 小于 3 的所有实数 x 组成的集合"）。

这个集合有上界，例如$\sqrt{3}$或 522。

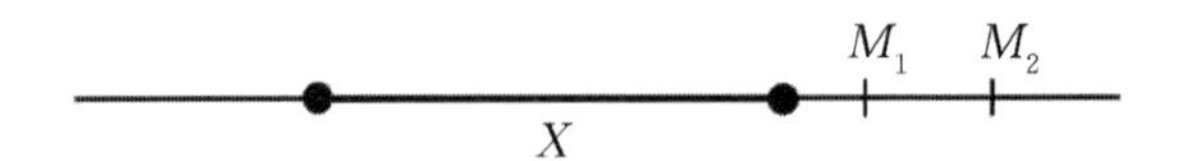

这个定义只涉及实数集合，因此不需要二维图形，所有感兴趣的东西都可以表示在一维数轴上。我希望这能说服你，如果要区分相关的概念，必须注意细节。需要注意的是，严格性要求并不是要求你死记硬背，更好的做法是正确理解定义，这样才能很快重构出定义。

2.7 定理

定理是关于一些概念之间的关系的命题。定理通常是**一般性**关系，数学意义上的“一般”：当数学家说“一般”时，意思是在所有情况下都成立，而不仅仅是大多数情况。① 在这一节和下一节，我将解释如何理解定理：明确**前提**和**结论**，并系统地用例子来说明为什么每个前提都是必要的。我们将以一个关于函数的定理作为例子(后面解释了标记的意义)：

罗尔定理：
设 $f: [a, b] \to \mathbb{R}$ 在$[a, b]$上连续，在(a, b)上可微，且 $f(a)=f(b)$，则 $\exists c \in (a, b)$使得 $f'(c)=0$。

所有定理都有一个或多个**前提**(假设)和一个**结论**(如果前提为真，则结论肯定为真)。在这个例子中，前提由“设”引出：

f 是在区间$[a, b]$上定义的函数，

f 在区间$[a, b]$上连续，

① 作为初学者，你需要意识到日常语言与数学语言的差异，以免误解别人的话或感到迷惑。这样做的过程中，刚开始你会对这些差异感到别扭，但几个月后你就会停止注意它们，并自如地使用数学语言。

f 在区间$(a，b)$上可微，

$f(a)=f(b)$。

这个定理的前提挺多，后面会逐个详细讨论。

结论由“则”引出，在这个例子中是存在 $c\in(a，b)$使得 $f'(c)=0$。标记 $f'(c)=0$ 表示 f 在 c 处的导数为 0,[①] 这个定理告诉我们在$(a，b)$中存在一个点 c 具有这个性质(**开区间**$(a，b)$是包含 a 和 b 之间所有实数但不包含 a 和 b 的集合)。定理并没有明确告诉我们 c 在哪里，这样的定理称为**存在性定理**，在高等数学中很常见。

与定义一样，我们可以思考定理如何与例子关联。对罗尔定理，我们可以问这个定理是否适用于(或不适用于)特定的函数。为了满足前提，函数需要在**闭区间**$[a，b]$上定义(标记$[a，b]$表示包含 a 和 b 以及其间的所有实数的集合)。所以我们需要给出一个函数，还有 a 和 b 的值。例如，如果我们取 $f(x)=x^2$，$a=-3$，$b=3$，则 $f(a)=f(b)$，f 连续，且处处可微，所有前提都满足。因此结论是：$(a，b)$中存在 c，使得 $f'(c)=0$。在这个例子中，$c=0$ 处导数就为 0，正好在-3 和 3 之间。

你也可以思考更多例子。但我建议，对这样的定理，你不妨直接思考一般性的图。对这个定理，这样做还有另一重好处，可以让你更深入地思考前提。要画一般性的图，可以直接画一个函数，但从更简单的前提开始往往更容易。例如，我们可以从点 a 和点 b 开始，令 $f(a)=f(b)$：

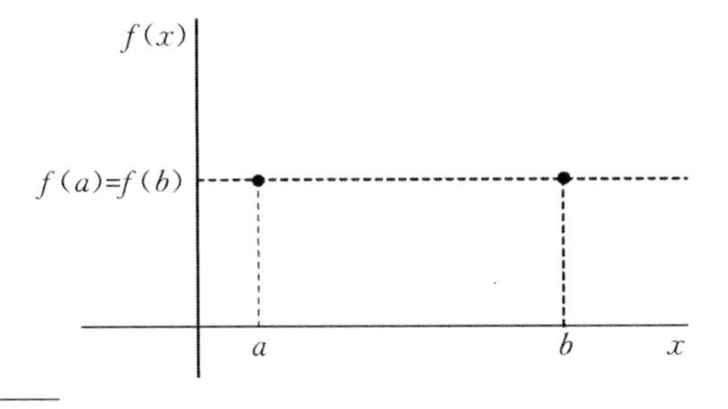

① 许多同学更习惯使用 df/dx 表示导数，但 $f'(x)$表示法更简单，在分析中更常见。

随便画就可以得到具有所需属性的函数，就像下面这幅图。我们可以在图上加标注，将图的各部分与定理关联起来。我标了一个点 c 和一条小水平线，表明在 c 处导数为 0。注意，在这幅图中有两个点可以是点 c，也完全可以画出具有更多点 c 的函数。

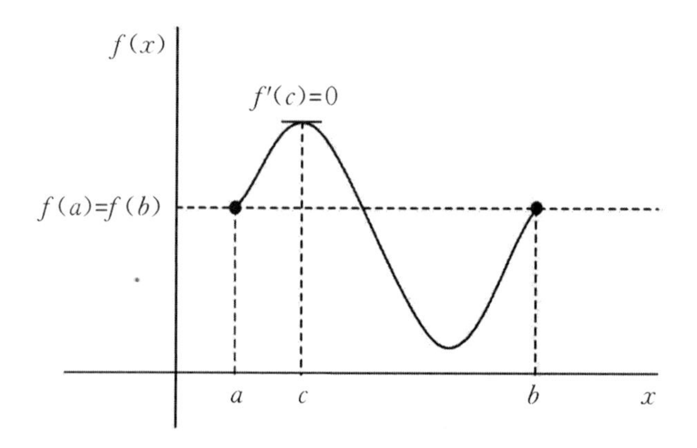

这幅图能让你确信这个定理是正确的吗？你能看出来为什么在给定前提下，总是有一个 c 让 $f'(c)=0$ 吗？如果你的回答是“是”，那很好，尽管你可能还需要学习连续和可微的含义。如果你因为不能确定这些概念的含义而犹豫不决，那就更好，你会喜欢下一节的讨论。

不过，在继续之前，还有一点需要注意：画草图时不要太过随意。像下面这样的图就不是函数，因为 $f(d)$ 的值不唯一。我知道同学们这样画通常只是粗心大意。但严格性对高等数学很重要，所以要更细心一点。

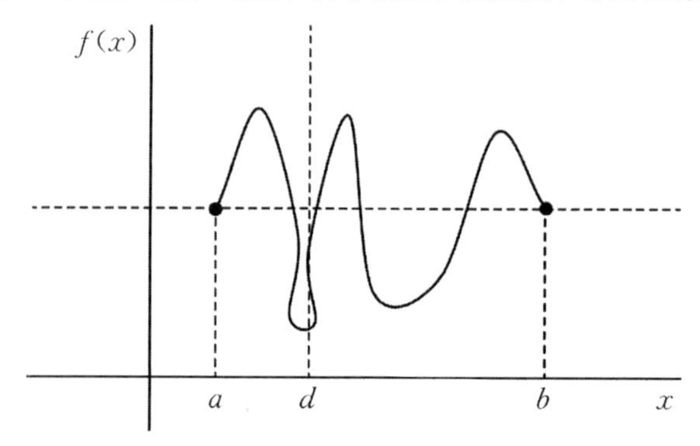

2.8 检查定理的前提条件

借助罗尔定理，我们能以一种更严格的方式思考分析的概念，并通过问为什么需要这些前提，来学习深入地思考定理。这里再次给出这个定理：

罗尔定理：
设 f：$[a, b]\to\mathbb{R}$ 在$[a, b]$上连续，在(a, b)上可微，且 $f(a)=f(b)$，则 $\exists c\in(a, b)$使得 $f'(c)=0$。

第一个前提是函数在区间$[a, b]$上连续。大多数人自然而然会考虑连续函数，因为他们以前遇到的大多数函数都是连续的(就算不是每个地方都连续，至少对于 x 的大多数值是连续的)。但你不能只考虑连续函数，因为连续性假设有时候并不成立，第 7、8 和 9 章给出了以各种有趣方式不连续的函数。此外，通过思考如果没有某个前提会导致什么问题，可以更深刻地理解为什么需要这个前提。就罗尔定理来说，很容易构造一个 $f(a)=f(b)$同时在$[a, b]$上不连续的函数，使得结论不成立。例如，在下面的图中就不存在让 $f'(c)=0$ 的点 c。

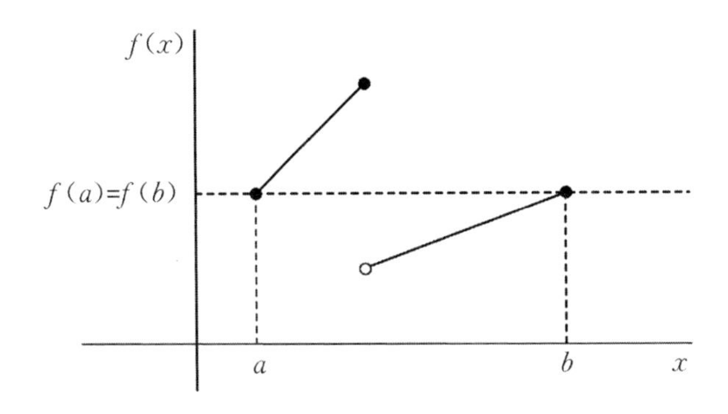

所以我们需要连续性前提，没有连续性前提，定理就不成立。对概念的深入了解，这个图可能已经足够了，但是像这样的函数可以用解析式表示，可能的话给出具体例子是很好的练习。例如，给出具体的 a、b 和 f 如下，就可以得到上面这幅图：

$$将\ f：[1,\ 4]\to\mathbb{R}\ 定义为\ f(x)=\begin{cases}x+1 & 当\ 1\leqslant x\leqslant 2\\ x/2 & 当\ 2<x\leqslant 4\end{cases}$$

这是一个**分段定义**的函数——它在定义域的不同部分有不同的表达式。注意，它仍然是一个完美的从[1，4]映射到 $\mathbb{R}$ 的函数，因为对于[1，4]区间中的所有 x，都有一个明确的 $f(x)$值(有些同学认为这是两个函数，这是错误的)。你知道图中的实心点和空心点是什么意思吗？你还能举出其他具体的例子，证明没有连续性前提，结论就不成立吗？

第二个前提是函数在区间$(a,\ b)$上可微。同样，大多数人自然而然会考虑可微函数，因为以前遇到的大多数函数都可微。许多同学在刚开始学习分析时甚至没有意识到他们正在思考可微函数，虽然他们已经解过许多微分，但没有从理论层面上思考过函数可微的意义。可微将在第 8 章深入讨论，但是作为一个大致理解，你可以认为它的意思是函数的曲线没有“尖角”。那么，如果连续性前提成立，而可微性前提不成立，罗尔定理会出什么问题呢？结论为什么不成立？

下面的图给出了一个简单例子：

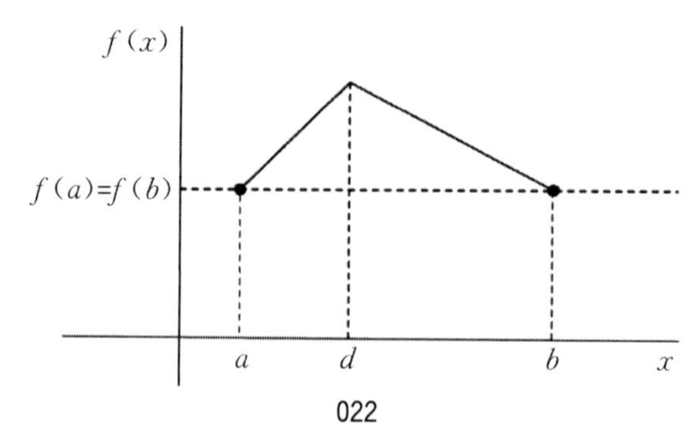

图中 $f(a)=f(b)$，函数也是连续的，但是在 $x=d$ 处不可微，也不存在让 $f'(c)=0$ 的点 c。我在这里多说几句，因为对于一些读者来说，这些事情可能并不明显。一些读者不确定这样的函数在 d 处是否连续。他们知道“笔不用离开纸面就可以画出来”，但还是没把握，因为他们熟悉的连续函数的图形是优美的曲线，而不是尖的。这个函数的确是连续的，在第 7 章会详细讨论这个问题。

同样，一些同学不确定 d 点是否有导数，他们习惯思考有优美曲线的函数的导数，不知道像这样的函数在尖角处有没有导数。这涉及可微的本质，即我们能否在一点上画出唯一切线。在这个例子中，我们不能(梯度或斜率是多少？[①])，这个问题将会在第 8 章深入讨论。我要请你们先相信我说的，并再次提醒注意可微性前提是必须的；没有它，结论可能不成立。

图中函数可以用公式表示如下：

$$f:[1,4]\to\mathbb{R} \text{ 函数 } f(x)=\begin{cases} x+1 & \text{当 } 1\leqslant x\leqslant 2 \\ 4-x/2 & \text{当 } 2<x\leqslant 4 \end{cases}$$

具有类似性质的一个更简单的例子是定义在集合$[-5,5]$上的函数 $f(x)=|x|$。$f(x)=|x|$在 $x=0$ 处连续但不可微。你可能见过这个例子，但是请注意，当数学家给出一个简单函数时，他们通常是希望你将它视为一类函数的一般性代表。他们可能向你展示 $f(x)=|x|$，也许还会证明一些关于它的命题，但他们是希望你能将其推广到具有类似性质的其他函数。

---

① 有些人习惯说“梯度”，有些人习惯说“斜率”，两者是一回事。

2.9 图与一般性

敏锐的读者可能已经注意到，我略过了关于图的三个微妙之处。首先，尽管我一直在说一些图具有一般性，但严格来说它们不具有一般性。一旦我们把图画到纸上，得到的就是一个特定的函数。不过大多数读者都会同意，有些图可以被认为具有一般性，因为它们不会让我们想起某个公式；它们不会像 $f(x)=x^2$ 或 $g(x)=\sin x$ 的曲线那样，让我们被具体函数的特征所迷惑。

其次，图形可能无法代表“整个”函数。描绘定义在区间上的函数通常很容易，但如果是定义在整个实数域的函数，就不可能完整描绘。这可能不会让你困扰，在大多数情况下都不会：你会习惯于想象图以一种可预测的方式“永远延伸”。但是要知道，任何具体的图都是有限的(和特定的)，图本身并不能证明什么。它们能为构造证明提供有价值的见解，但数学家还是会寻找基于定义的论证。

第三，人们在画图的时候经常粗心大意，让自己被不正确的图误导。例如，有些人会将 $f(x)=x^2$ 画成 U 形，就像这样：

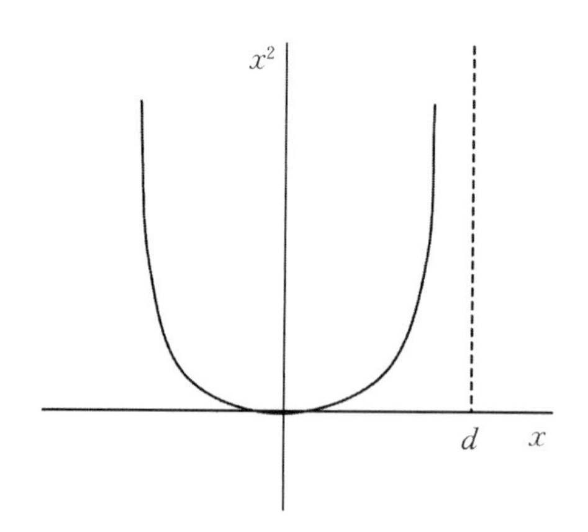

这种画法有误导性，因为它似乎有垂直的渐近线。例如，x^2 在 $x=d$ 处

的值是多少？看上去好像没有，这显然不对。你可能觉得这有点吹毛求疵，但画图是为了帮助我们认识问题，不要让图误导我们。

就算我们将图画成抛物线而不是U形，也还可能被其他因素误导。例如，将 $g(x)=x^3$ 和 $f(x)=x^2$ 的图象画到一起是这样：

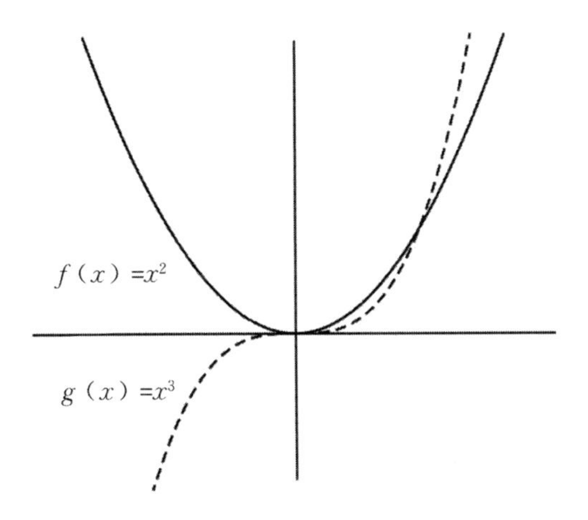

这个图中两条曲线的 $x \geqslant 0$ 部分看起来区别不大；函数的变化趋势似乎差不多。但其实不是一回事，缩小一点就能看到它们有多大差别：

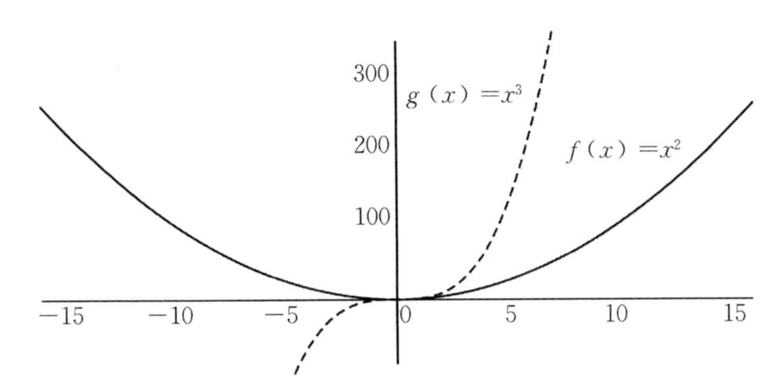

如果你之前画草图很随意，这应该会让你认真一点。同时我们也应该谨慎思考函数在“大”值的表现。

如果将 f 和 g 的图象与指数函数 $h(x)=2^x$ 的图象放在一起比较呢？指数函数 h 在非零点穿过纵轴，但是除此之外，它们看起来非常相似：

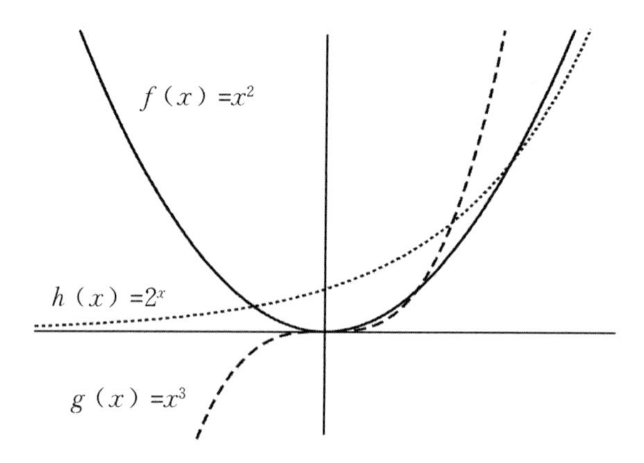

你知道 x 的值变大后会发生什么吗？指数函数的增长速度要快得多。下面的图展现了这些函数的相对变化：

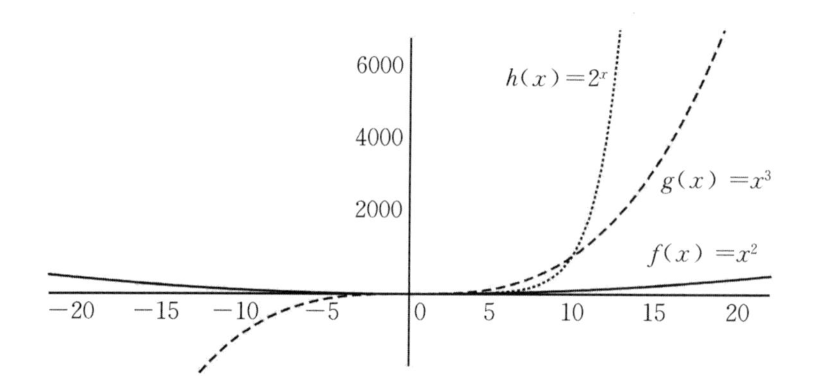

这也正是数学分析关注的核心问题：当 x(或 n)趋向无穷大时，函数(或序列)会发生什么。图可以帮助你建立对这类问题的直觉，但你也应该改掉把计算器作为真理的终极裁判者的习惯。在分析中，我们要做的不仅仅是计算，而是建立对形式化理论的理解，真正证明我们的直觉。

2.10　定理与逆定理

最后这一节延续了之前对定理结构的讨论，并指出了相关的条件命题之间的一些重要区别。条件命题就是“若……则……”命题，例如：

若 f 是常函数，则 $\forall x \in \mathbb{R}$，$f'(x)=0$。

这是一个真命题，下面是它的逆命题：

若 $\forall x \in \mathbb{R}$，$f'(x)=0$，则 f 是常函数。

这也是一个真命题。两者并不相同。下面是一个**双条件命题**，它兼顾了两者：

f 是常函数，当且仅当 $\forall x \in \mathbb{R}$，$f'(x)=0$。

这也是一个真命题，但与前两者不同。你可以思考一下短语“当且仅当”，以及这个**双条件命题**如何兼顾前两个条件命题。

这里要注意两个技术细节。首先，我们可以用另一种标记法表述这 3 个命题：

$$f \text{ 是常函数} \quad \Rightarrow \quad \forall x \in \mathbb{R},\ f'(x)=0。$$
$$\forall x \in \mathbb{R},\ f'(x)=0 \quad \Rightarrow \quad f \text{ 是常函数。}$$
$$f \text{ 是常函数} \quad \Leftrightarrow \quad \forall x \in \mathbb{R},\ f'(x)=0。$$

符号“⇒”读作“蕴含”，而符号“⇔”读作“当且仅当”或“等价于”。它们都有特定的标准含义，除非你明确知道自己在说什么，否则不要乱用。

另外，第一个条件命题应该这样写：

对于所有 $f: \mathbb{R} \to \mathbb{R}$ 函数，若 f 是常函数，则 $\forall x \in \mathbb{R}$，$f'(x)=0$。

前面新增的部分澄清了我们讨论的是某种类型的所有函数。大多数数学家都和你一样默认是这种情况，所以这个额外的短语通常被省略了。但是数学家们解读条件命题时会认为它们是存在的。

日常生活中对条件命题的使用更加随意。我们经常不区分命题和逆命题，并将条件命题解读为双条件命题。这种情况非常普遍，以至于有大量心理学文献研究人们对条件命题的日常解读和推理。

在数学中不能这样随意。当数学家写下一个条件命题时，他们表达的就是字面意思。这一点非常重要，原因有二。首先，证明一个命题与证明它的逆是不同的。

要证明

若 f 是常函数，则 $\forall x \in \mathbb{R}$，$f'(x)=0$。

我们是假设 f 是常函数，并推演出 $\forall x \in \mathbb{R}$，$f'(x)=0$。要证明

若 $\forall x \in \mathbb{R}$，$f'(x)=0$，则 f 是常函数。

我们是假设 $\forall x \in \mathbb{R}$，$f'(x)=0$，并推演出 f 是常函数。这不一定是同一件事情。在一个方向上成立的证明反过来不一定成立。在这个例子中，前一个命题可以直接用导数的定义证明，后面这个则需要更严谨的理论推导(详见 8.7 节)。

第二个原因更为基本：有时候条件命题为真，但逆命题并不为真。例如这个条件命题：

若 f 在 c 处可微，则 f 在 c 处连续。

这个命题为真。它的逆命题是：

若 f 在 c 处连续，则 f 在 c 处可微。

这个命题**不**为真。我们已经看到函数 $f(x)=|x|$ 在 0 处连续，但在 0 处不可微，因此它是这个条件命题的**反例**，证明了其逆命题不一定为真。这也是为什么人们喜欢函数和数学对象的例子。有些例子对于理解定理和避免混淆定理及其逆定理特别有帮助。这在分析中很有用，因为分析中有许多定理的逆不为真。下面给出了一些定理作为练习。这些定理的逆是什么？你们知道为什么这些定理为真，而逆定理不为真吗？

定理：若 $(a_n)\to\infty$，则 $(1/a_n)\to 0$。

定理：若 $\sum_{n=1}^{\infty} a_n$ 收敛，则 $(a_n)\to 0$。

定理：若 f 在 $[a,b]$ 上连续，则 f 在 $[a,b]$ 上有界。

定理：若 f 和 g 在 a 处可微，则 $f+g$ 在 a 处可微。

定理：若 f 在 $[a,b]$ 上有界且单调递增，则 f 在 $[a,b]$ 上可积。

定理：若 $x, y\in\mathbb{Q}$，则 $xy\in\mathbb{Q}$。

其中一些定理将在本书后面出现。一些没有出现，但你可能会在分析课中遇到它们。在分析课中还有许多其他定理。我建议你每当看到条件命题，都思考一下它的逆，思考两者是否都为真；这样做有助于你理解相应证明的结构。下一章还有很多关于如何理解证明的建议。

3.
证明

这一章讨论证明对于数学的意义和证明在数学理论中的作用；讨论了理论和证明的结构，以及它们的教学方式；介绍了自我解释练习，研究表明这种方法有助于提高理解证明的能力。

3.1 证明和数学理论

很多初学者认为证明很神秘，其实并不神秘。有些证明可能很难理解，因为逻辑的复杂性，或者因为初学者对相关概念的定义没有足够的理解。但证明的思路本身并不深奥，只不过是令人信服地论证某些事情为真。之所以会笼罩一层神秘的面纱，我认为这是因为在像分析这样的学科中，证明必须符合数学理论，也就是说，除了要令人信服之外，它们还必须基于适当的定义和定理来进行构造。这本书的第Ⅱ部分就是讲解与分析中的核心概念相关的定义和定理，它们在证明中用在哪里，以及如何使用它们来构造证明。这一章将介绍理解证明的通用策略——这些策略可以(也应该)应用于你在分析中遇到的任何证明。在此之前，我将简要解释证明在数学理论中的作用。

首先需要澄清的是，**理论**不同于**定理**。第 2 章曾说过，定理是关于一些数学概念之间的关系的命题。数学**理论**是由公理、定义、定理和证明组成的网络。这个网络可能很大。我目前教的分析课程包含 16 个公理、32 个定义和 60 个定理以及相应的证明。听起来有点可怕，但其实其中许多都非常简单。但这还只是整个分析理论的一小部分。你可以想象，理论可以很复杂，但其中还是有规律可循，掌握了就更容易理解，也知道要寻找什么东西来帮助你理解证明的目的和原理。

3.2 数学理论的结构

数学理论是逐步发展起来的，这种发展不是线性的。数学家想要解决问题，给出和证明定理，为此他们构造公理和定义来刻画他们想要使用的概念。但数学家也重视理论的构建，他们希望将一切纳入一个连贯的整体结构。为了简明扼要地刻画概念和重要的逻辑关系，数学家们不断改进公理、定义、定理和证明，直到达成共识。

你在学习时也可以这样做。但除非你选修了一门很专业的分析课，否则不会经常构造定义和定理。你的任务是学习已经构建好的分析理论，因为它是当代数学界的共识。你可以将数学定义和公理[①]视为“基础”，它们构成了理论底层的构建砖块。

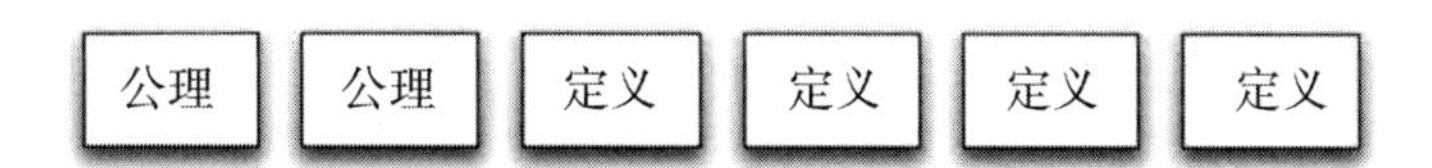

底层构建好后，更高层的新砖块以定理的形式出现，每个定理都是陈述更底层的概念之间的关系。在分析课程的开始阶段，有些定理只涉及单个概念。例如，适用于对象 x 和 y 的性质也适用于通过组合 x 和 y

① 对公理的简要介绍参见 2.2 节，对实数公理体系的讨论参见第 10 章。

创建的对象：如果是数、函数或序列，将它们相加，如果是集合，取它们的并。例如下面这些定理：[1]

定理：若 x，$y\in\mathbb{Q}$，则 $xy\in\mathbb{Q}$。

定理：设 f：$\mathbb{R}\to\mathbb{R}$ 和 g：$\mathbb{R}\to\mathbb{R}$ 都在 a 处可微，则 $f+g$ 在 a 处可微，且 $(f+g)'(a)=f'(a)+g'(a)$。

定理：若 X，$Y\subseteq\mathbb{R}$ 都有上界，则 $X\cup Y$ 有上界。

证明这样的定理只需基于定义。例如，第 3 个定理说如果实数的两个子集 X 和 Y 都有上界，则它们的并(所有属于 X 或 Y 或两者都属于的元素的集合)也有上界。要证明它，我们这样做：

> 假设 X 和 Y 都有上界。
>
> **用有上界的定义陈述这是什么意思。**
>
> **通过代数运算和逻辑推导证明 $\boldsymbol{X\cup Y}$ 也满足有上界的定义**。
>
> 得出结论 $X\cup Y$ 有上界。

2.6 节已经给出了**有上界**的定义，所以这里我们可以给出细节。3.5 节会讲解怎么阅读和理解证明，到时候你可以再回头来读这个证明。

定理：若 X，$Y\subseteq\mathbb{R}$ 都有上界，则 $X\cup Y$ 有上界。

证明：假设 X 和 Y 都有上界。

则 $\exists M_1\in\mathbb{R}$，使得 $\forall x\in X$，$x\leqslant M_1$，

且 $\exists M_2\in\mathbb{R}$，使得 $\forall y\in Y$，$y\leqslant M_2$。

令 $M=\max\{M_1, M_2\}$，

---

① 书的前面有符号表可以参考。

则$\forall x\in X$，$x\leqslant M_1\leqslant M$ 且$\forall y\in Y$，$y\leqslant M_2\leqslant M$。
所以 $X\cup Y$ 的所有元素都小于或等于 M，
所以 $X\cup Y$ 有上界。

我们可以将这个定理视为添加到理论中的新砖块，它只依赖一个定义，或者一个定义和一个公理(可能是关于加法和不等式的公理)。

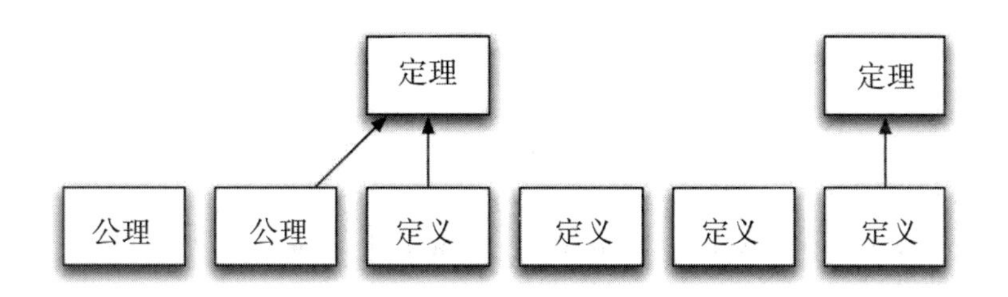

有些定理会涉及多个概念。例如，它们会说，具有某个属性的对象也必然具有另一个属性，或者说，具有某个属性组合的对象也必然具有另一个。下面给出了一些这样的定理：

定理：若(a_n)是收敛序列，则(a_n)有界。
定理：设 f：$[a, b]\to\mathbb{R}$ 在$[a, b]$上连续且在(a, b)上可微，且 $f(a)=f(b)$，则$\exists c\in(a, b)$使得 $f'(c)=0$。
定理：f 在$[a, b]$上有界且单调递增，则 f 在$[a, b]$上可积。

证明这样的定理需要用到所有相关的定义。例如，要证明所有收敛序列有界，我们需要这样做：

设序列(a_n)收敛。
用收敛的定义陈述这是什么意思。
通过代数运算和逻辑推导证明(a_n)也满足有界的定义。
得出结论(a_n)有界。

这里我们还不具备补充细节的工具，5.9 节会再回到这个定理。不过，根据其结构，我们也可以将这个定理视为向理论中添加了新的砖块，图中的箭头标示了证明所依赖的砖块。

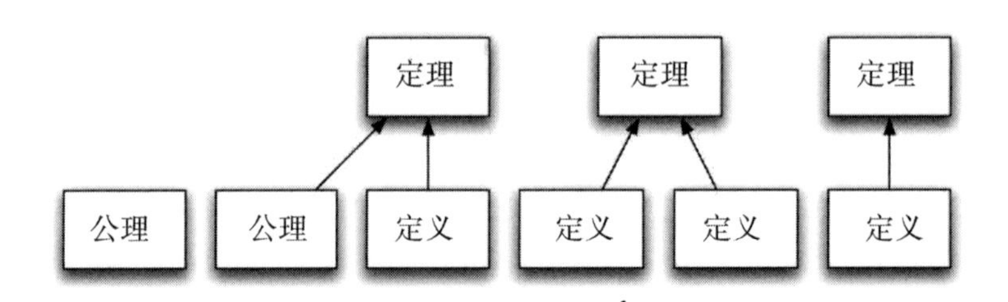

是不是所有证明都是这样直接利用定义？不是。一旦我们证明了某个定理，它就会始终成立。这意味着我们可以用构建好的定理来证明新的定理，构建出来的理论可能像这样：

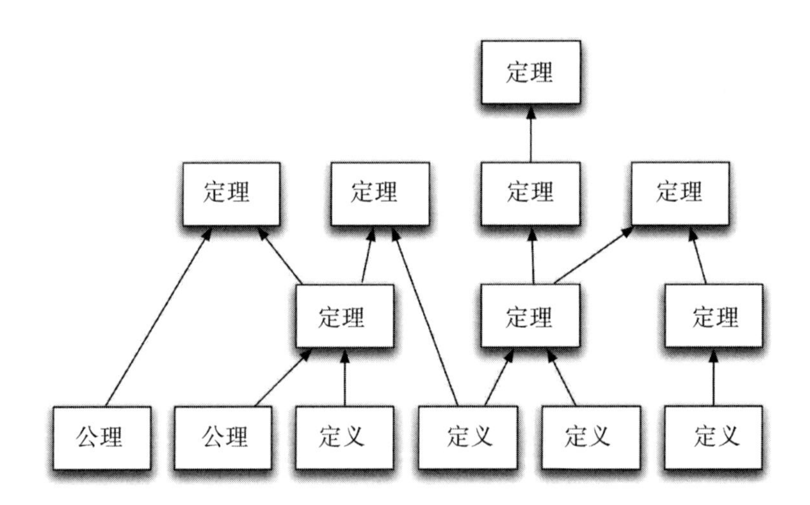

3.3 分析怎么教学

尽管理论的结构具有层次性，但是先教所有的定义和公理，然后再教第一层定理，逐层往上，会有点奇怪和不明所以。如果这样做，大多数同学在定义被第一次用到时就已经忘记了。所以老师通常会先介绍几个关键定义，然后立即给出一些只依赖这些定义的定理并证明。然后再引入下一个定义，并结合现有材料构建更多定理。通过这种方式认识理论的发展，更有助于理解分析的结构。

不过，要理解数学分析，你还需要知道一件事。你需要知道这个理论与你以前学的数学如何契合。大多数同学在开始学习分析时已经知道了很多微积分：他们知道函数，知道如何对它们进行微分和积分，他们也可能知道一些关于序列和级数的知识。许多人预期接下来的课程会从他们知道的地方继续向上发展；他们将学习更复杂和有用的技术来进行积分和微分，以及处理序列和级数。然而，根本不是这么回事。数学分析不是从微积分继续往上搭建，而是为它打地基。分析是探索微积分的基础，剖析其中的假设，并确证微积分是可行的。有些课程的确是继续向上拓展：微分方程、多变量微积分和复变函数微积分。但从整体来看，分析是在微积分下面打地基，而不是在上面砌房子。

然而，分析课程一般不会从你知道的地方开始，逐层往下构建。这可能更符合认知和学习规律，也更符合学科的发展历史，但很难进行逻辑表述。因为理论是建立在公理和定义的基础之上，证明需要用到这些公理和定义。从最底层开始，然后逐步发展到你已经知道的东西，这样做更符合逻辑。所以你的老师可能会这样做，如果是这样的话，你的体验可能会有点奇怪。分析似乎与你之前学习的东西相去甚远，而且一些早期内容似乎太过基础。但这才是重点：高等数学就是从最基础的地方出发，构建一个连贯的理论。

但从最底层开始确实会让初学者困惑。所以，我在教分析课时，喜欢用混合方式，我们从定义开始，先仔细研究这些定义，但我一开始并不会提到公理。我会直接使用大家认为理所当然的公理（我是对的——我从没有听到有人抱怨我没有明确引用公理 $\forall a, b \in \mathbb{R}, a+b=b+a$）。如果在课堂上基于基础定义进行证明时出现了疑虑，可以再往下深入，检查更基本的公理假设。到那时，同学们往往已经做好了充分准备，能够理解在结论网络中进行系统推理的重要性。当然，你的老师的做法可能不一样。

3.4 研读证明

前面解释了定义、定理和证明在数学理论中的作用。然而，写在纸上时，定义和定理很短，通常只要一两行，证明则长得多，可能五六行，或者十几行。因此，证明往往更吸引眼球，显得更重要，同学们也更喜欢谈论证明，好像它们有独立的存在价值。但是证明永远是证明某个定理(也可能被称为命题、引理或断言)。因此，如果你不理解定理本身，你就不会理解跟随它的证明；如果你不知道证明想要证明的是什么，你怎么知道它做到了？

所以，不能孤立地看待证明，而应把它看作是从属于定理，你首先要理解定理所说的内容。这通常要从两个层面进行思考，第一个是直觉层面，第二个是形式化层面。例如，如果定理说所有收敛序列都有界，你也许能从直观上理解这个定理。尽管如此，我们还是应该停下来，仔细思考一下**收敛**和**有界**的形式化定义：这些都是严格的概念，定理是关于这些严格的概念，而不是你对概念的模糊直觉。具体做法请参考 2.7 和 2.8 节。

一旦理解了定理，你就可以研读证明了。但具体该怎么做呢？你怎么知道是不是证明了？对于许多本科生来说，显而易见的答案是，当老师或课本说得证的时候，你就知道证明了。很明显，你没有理由怀疑给出的证明：相信权威是合理的。不过，这在理性上并不令人满意，掌握细节比仅仅相信要好得多。数学教育研究带来的好消息是，同学们通常都拥有足够的知识和逻辑推理技能，能够充分理解高等数学中的证明；坏消息是，许多同学不能很好地利用他们的知识。不过，只要进行一些简单的**自我解释练习**，他们就可以做得更好。下一节将进行针对数学的自我解释练习。

3.5 数学中的自我解释

在我所在的大学，我们在一些研究项目中应用了自我解释练习，并取得了较好的效果。这里我介绍一下这个练习方法。这一部分直接取自研究报告，所以文风有些不一样，少了对话性，多了指导性，内容既有数学分析也有数论。

自我解释练习

研究结果证实了自我解释可以提高学习者解决问题的能力和理解力。它可以帮助你更好地理解数学证明：在最近的一项研究中，那些在阅读证明前读过这些材料的同学在随后的证明理解测试中成绩比对照组高30%。

如何自我解释

为了提高你对证明的理解，你需要运用一系列技巧。读完每一行后：

- 试着找出并阐述证明中的主要观点。
- 尝试用之前的认识来解释每一行。认识有可能来自证明中的信息，有可能来自以前的定理/证明，或者来自你自己之前掌握的知识。
- 如果新信息与你目前的理解相悖，请思考会有什么问题。

在推进到证明的下一行之前，你应该问自己以下问题：

- 我是否理解这一行中用到的想法？
- 我是否理解为什么要用到这些想法？
- 这些想法如何与我之前学过的证明、定理或已有知识中的想法关联？

- 我的自我解释有助于回答我提出的问题吗？

下面的范例给出了在试图理解一个证明时可能的自我解释（证明中的标签“(L1)”表示行号）。请仔细阅读这个范例，了解如何在自己的学习中使用这个策略。

自我解释范例

定理：任何奇数都不能表示为3个偶数之和。

证明：(L1)假设奇数 x 可以表示为 a，b 和 c 这3个偶数之和，$x=a+b+c$。

(L2)则存在整数 k，l 和 p 使得 $a=2k$，$b=2l$ 和 $c=2p$。

(L3)因此 $x=a+b+c=2k+2l+2p=2(k+l+p)$。

(L4)可得 x 为偶数，矛盾。

(L5)因此任何奇数都不能表示为3个偶数之和。

读这个证明可能会得出如下自我解释：

- “这个证明用到了反证法。”
- “既然 a、b 和 c 是偶数，就可以利用偶数的定义，也就是L2行。”
- “这个证明将 x 表达式中的 a、b 和 c 替换为各自的定义。”
- “然后将 x 的表达式化简，并证明其符合偶数的定义，得出矛盾。”
- “因此任何奇数都不能表示为3个偶数之和。”

自我解释与类似方法的区别

需要强调的是，自我解释策略不同于释义或审查。自我解释策略对你的学习帮助更大。

释义

“a、b 和 c 必须是正或负的偶整数。”

这不是自我解释。没有添加或指向任何其他信息。读者只是使用不同的词语替代“偶数”。在理解证明时，你不能限于只给出这样的释义。[①]释义无法像自我解释那样提高你对证明的理解。

审查

“好吧，我知道了 $2(k+l+p)$ 是偶数。”

这句话只是简单展示了读者的思维过程。这不是自我解释，因为没有将句子与其他信息或已有的知识联系起来。请进行自我解释而不是审查。

对这一行的一个可能的自我解释是：

> “好吧，$2(k+l+p)$ 是偶数是因为 3 个整数之和是整数，2 乘一个整数得到的是偶数。”

在这个例子中，读者识别并阐述了文本的主要观点，使用已有的信息理解了证明的逻辑。

你应该用这种方法来阅读每一行证明，以提高你对证明的理解。

练习 1

现在请阅读下面的简短定理和证明，并参照前面的建议自我解释每一行，可以在心里想，也可以写在纸上。

---

① 这里并不是否定第 1 章朗读数学的建议。你需要能读出字句，但是你还应该超越它，进行自我解释。

定理：不存在最小的正实数。

证明：假设存在最小的正实数。

也就是说，存在实数 r 使得对任意正数 s，$0<r<s$。

令 $m=r/2$，

显然 $0<m<r$。

m 是小于 r 的正实数，矛盾。

因此不存在最小的正实数。

练习 2

下面是一个更复杂的证明。这次先给出了一个定义。请在读完每一行后进行自我解释练习，可以在心里想，也可以写在纸上。

定义：如果正整数 n 的所有正约数之和大于 $2n$，则 n 为盈数。

例如，12 就是盈数，因为 $1+2+3+4+6+12>24$。

定理：两个不同的素数的乘积不是盈数。

证明：令 $n=p_1p_2$，其中 p_1 和 p_2 是不同的素数。

设 $2\leqslant p_1$ 且 $3\leqslant p_2$。

n 的正约数为 1、p_1、p_2 和 p_1p_2。

$\dfrac{p_1+1}{p_1-1}$为 p_1 的单调递减函数。

所以 $\max\left\{\dfrac{p_1+1}{p_1-1}\right\}=\dfrac{2+1}{2-1}=3$。

因此$\dfrac{p_1+1}{p_1-1}\leqslant p_2$。

$p_1+1\leqslant p_1p_2-p_2$。

$p_1+1+p_2\leqslant p_1p_2$。

$1+p_1+p_2+p_1p_2\leqslant 2p_1p_2$。

使用自我解释练习已经证实能显著提高同学们对数学证明的理解。每当你在课堂上、笔记或书中遇到证明时，请尽量使用它。建议你现在就将其应用于 3.2 节的证明。

3.6 不断发展的数学

这一章是关于如何理解在课堂上、笔记或书中出现的证明。学习高等数学的一大内容就是理解各种证明。但请不要因此认为数学已经完善，不会再变化。数学是一门不断发展的学科。现在的数学分析（大部分）是在 19 世纪发展起来的，已有相当长时间，所以大多数数学家都对它达成了一定共识，也就是现代教科书所呈现的内容。因此，你学到的分析已经是用标准证明建立的结论网络。但这并不意味着证明是唯一的，一个定理可能有多个不同的证明。另外这也不意味着数学已经没有创造的空间。今天的数学界依然在不断构建、比较和讨论新的数学思想。在各个领域也依然有许多问题需要解决，并不断发展新的知识。

4.
学习分析

这一章介绍学习数学分析的经验。如何跟上进度，避免浪费时间，以及如何充分利用学习资源。

4.1 学习分析的经验

我教授数学分析的经验是这样的。第 1 周，每个人心情都很好，因为开始学习新知识。第 2 和第 3 周，内容越来越具有挑战性。第 4 周，课堂气氛很压抑。所有人都意识到这门课很难，而且会越来越难。大家都讨厌分析，连带还有不少人讨厌我。不过这不会让我沮丧，我教了 20 年数学分析，已经见怪不怪了。第 5 周，每个人的感觉都稍微好了一点，虽然没有人能解释原因。第 7 周，一小部分人会过来懵懂地告诉我，尽管分析很有挑战性，但他们开始认为自己可能会喜欢它。在课程结束时，这部分人会认为数学分析很精彩，其他许多同学也认为自己掌握了要领，他们可以理解为什么数学分析是一门很棒的课。

对于新生来说，关键在于，当作业越来越难，你开始感到沮丧时，如何应对。一些同学把沮丧埋在心里：他们失去了信心，开始怀疑自己的数学天赋（“我是不是不适合学这个?”），甚至不愿与人交流。另一些人则把这种情绪往外发泄，对老师表达沮丧和愤怒，“这个老师太差劲了!”有时还对数学本身感到失望，“真不知道为什么要教我们这些垃圾——这不是数学!”。当人们感到无法驾驭时，这些反应都会自然出现，从而产生防御心理。但这两种应对方式都不是很好。还有其他选择吗?

大多数人在第一次学习分析时都会遇到一些困难，这就是生活的现实。所以，在我看来，诀窍就是坦然接受这是学习经历中正常的一部分，然后以平常心应对。如果你对困难有正确的预期，你就能更好地处理情绪，而不必隐藏或发泄出来——你可以对自己说，“好吧，我就知道会很难”，然后以一种明智的方式继续学习，知道熬过这一段就会越来越顺。这一章是关于具体怎么做到这一点的建议。

4.2 跟上进度

数学分析同其他高等数学课程一样，最大的挑战在于跟上进度。任何一门有分量的课都很难跟上进度。你不能指望内容很容易——那样有什么意义呢? 此外，你还有其他课程要学，你还要生活。因此，你不太可能一直游刃有余。你应尽量不要为此苦恼，因为苦恼无济于事，负面情绪只会降低学习效率。要做的就是接受自己不会对所有事情都有完美认识，同时尽力做到让自己能有**足够的知识**应对**重要的事情**。

足够的知识是指能让你有机会搞懂所有新内容的知识。在刚开始一门课程的几个星期内，你不太可能每堂课都能听懂所有内容，我也不能。但是你需要有足够的知识储备来跟踪理论的迅速发展并理解其中一些细节。**重要的事情**指的是反复出现的核心概念。你不太可能每次都能领会证明的精妙之处，但是你需要掌握主要的定义和定理，这样你就能知道它们在哪里被用到了。考虑到这一点，以下是你需要优先考虑的事情。

首先，你必须掌握定义。学习数学分析时很容易忽视这一点，因为用到的许多词汇(“递增”“收敛”“极限”等)都有日常含义，而且数学分析中的概念通常可以用图表示。这些会诱使你认为从直觉上理解就足够了。然而并不够。定义是所有高等数学理论的核心：就如第 2 和第 3 章解释的，它们是理解定理和相关证明的关键。如果你不知道正确的定义，却认为自己理解了，那是自欺欺人。正因如此，我在第一次课就会给出一个定义列表，要求同学们写在纸上并放在最显眼的地方(即使你用电子设备记笔记，这个也还是要求写在纸上)，遇到新定义就将其添加到列表中，经常阅读这份列表，并对自己进行测试，在听课时留意这些词汇——每当老师使用这些词汇时，都会严格符合相应定义所代表的意义。

其次，熟悉重要的定理也很重要。定理描述概念之间的关系，因此熟悉它们的含义——即使你不完全理解其证明——可以让你对课程有大致了解。2.7 和 2.8 节给出了深入思考定理含义的建议，花几分钟照建议做能让你对新定理的印象更深。此外，讲义一般都会提前下发，要么在整个课程前，要么在章节之前(有教科书更方便)。你完全可以通过预习了解将会遇到什么定理。我在课程中会给出一个定理列表。事实上不只是列表，而是构建一个**概念图**(有时也称为**思维导图**)。根据 3.2 节讨论

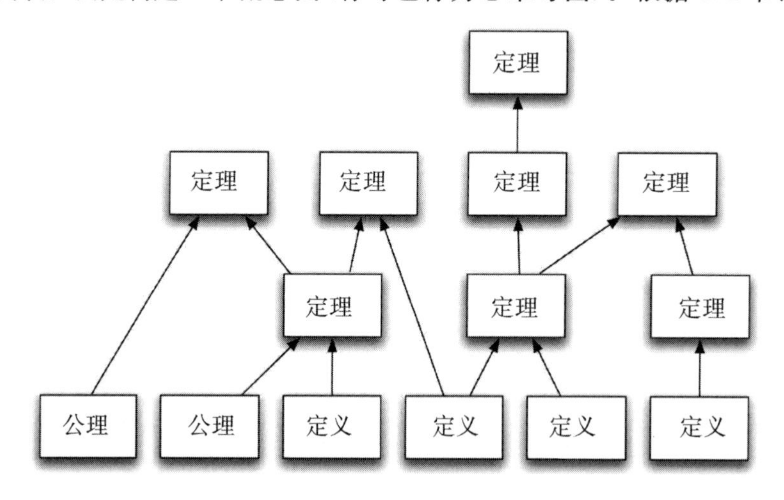

的理论构建方式，概念图很适合用来展现证明用到了哪些定理和定义。你可以画一个类似这样的概念图，将方框中的词替换为具体的定义和定理的名称。

这些是我会优先考虑的事情。如果你发现自己跟不上进度或者时间不够，那就先把这些事情做好。不要试图回到你认为自己掌握了的地方，然后从那里重新向前推进——这样做效率很低，因为课程进度会比你快得多，最后你会什么都听不懂。数学分析是逐层搭建的，因此那些跟不上要点的同学会被无情抛下。这里建议的优先事项会让你对重要的事情有足够的了解；它会让你在上新课时能知道关键的概念和关系，并为你提供一个能够深入学习的框架。

4.3 避免浪费时间

跟上进度很有挑战性，你不会想浪费任何时间。在英国，数学分析通常每周有 3 个学时的课。如果是这样，我认为每周再花 3 到 4 小时自习是合理的。如果所有课程都这样做，每周的学习时间大约为 40 小时，正好合适(如果你不是在英国，你可以阅读下面的建议，并根据自身的情况调整)。

3 到 4 小时并不是很长。如果你愿意，也可以学习更长时间，但是大多数人不会这样做，所以更重要的可能是学习效率。自习时，你要做两件事情：学习笔记(或课本)，解题。任务按这个顺序排列是有原因的。为了高效解题，你需要熟悉笔记中的内容。如果熟悉，你会发现很多题目会让你想起“啊，我们星期三讲过这个”。如果不熟悉，你就会因为毫无头绪浪费大量时间。所以，先从笔记开始。

我建议花 60 到 90 分钟研读笔记，并不是泛读，而是根据第 2 和第 3 章给出的学习定义、定理和证明的建议有针对性地读，与此同时更新你的定义和定理列表。目标是做好自我解释(见 3.5 节)，但不要在一个地方纠缠太久。60 到 90 分钟并不是很长，而你需要对所有内容都有点熟悉。所以，如果你花了几分钟认真思考某个地方，但仍不是很懂，就在纸上记下不懂的地方，形成一张问题清单。问题要明确——有时候明确问题可以帮助你解决它，如果还不行，回头再看时也有明确的提示，这样就不会忘记之前的思考。

研读完笔记后，就可以开始解题。根据分配的时间，你将有 2 到 3 个小时解题。你没有很多时间纠缠于某一个问题，所以这里同样不要浪费时间。我的建议是你先给每个问题分配十分钟。有些问题 10 分钟内就可以解决，尤其是常规的热身练习或是直接应用你刚刚精读过的知识。(这些问题你不先读笔记可能也能做出来，只是时间久一点，但是通过自己将知识重新构建一遍，长远来看，你会理解得更深刻。)还有一些问题无法在十分钟内完成。如果你已取得很好的进展，可以多花一点时间继续做完。如果被难住了，并且已经尝试了想得到的办法但还是无法摆脱困境，就记录在问题清单上，然后继续其他问题。

这个过程我称为“过第一遍”，我认为课后自习需要过几遍。你先过一遍，然后一两天后再过一遍。有时候休息一两天会发生一些神奇的事情——你的大脑神经元会建立新的连接，你会看到新的前进方向。所以你可以把每次课后的自习分成至少两块。事实上，这样做很重要，因为深度思考很耗费精力。如果你一次花 4 个小时学习数学分析，最后 2 个小时肯定是浪费时间，因为你的精力已经耗尽了。

4.4 解决问题

接下来，如何处理问题清单？首先，请关注它。有时候，解题会让你用不同的方式去思考一个想法，这样你就能够划掉一些在精读笔记时添加的问题。有时候，放在一边几天后再浏览笔记也会使一些事情豁然开朗，你又能够解决并划掉一些问题。然后我会这样做。

首先，和一两个同学一起，系统地解决你们各自的问题清单。人的思维都各有不同，所以你们可能会为彼此填补一些空白。这样做也会迫使你谈论分析，让你能更流利地谈论概念和解释论证。流利很重要，如果你一开始磕磕巴巴，不要灰心，再试一次，通过练习你会变得更自信。分享想法也会帮助你成为好的数学倾听者。仔细听你的朋友们在说什么，如果你不确定是否理解，就说出来，并指出是什么让你困惑。这样做可以帮助你的朋友更清晰地表达他们的想法。再次强调，这是一项宝贵的技能，将帮助你们更有信心与老师交流。当然，和一个人自习一样，不要在一个地方纠缠太久——如果不能在合理的时间内解决某个问题，就试试别的。

和同学讨论后，剩下的问题交给专家（当然，你也可以先去找专家，但是和同学讨论更有助于培养交流技巧）。你能找哪个专家取决于你们学校的教学系统：也许是你的老师，也许是助教。不管找谁，带上你的列表、问题清单和所有相关笔记，并确保你的列表上有页码、章节号或问题编号，总而言之要让你能快速找到所需的东西。如果是预约一次专门会面，可以喊你的朋友一起去——这往往能使交流更有效率。不要羞于提问，即使你的问题清单很长。相信我，能从井然有序的列表中提出清晰问题的同学会让人刮目相看。

通过这种方式，你的大部分问题大部分时候都能得到解答，但还是要现实一点，在此之后你还是可能会有不明白的地方。有时候是来不及把所有问题都搞清楚。有时候你可能把所有问题都搞清楚了，但是几周后你发现自己又忘了有些结论为什么成立，你需要再想一想。当你解决了某个疑问时，记录下你的想法将有助于快速复习。总的来说，如果你能够落实这一章的建议，你就能跟上课程进度，你至少能理解上新课时的一些内容，并且你将打下坚实的知识基础，当你开始准备考试时，你可以在此基础上继续巩固。

4.5 适时调整策略

这一章提出了具体的学习方法建议，但我并不真的指望任何人会严格遵循这种方法。你会受到学习时间、学习习惯的个人偏好和社交生活等各方面的约束。所以，你应该时不时反思一下事情进展得怎么样了，并做好准备迎接挑战。如果你需要更长时间来温习笔记，就调整一下你的时间安排；如果你需要时间准备另一门课的考试，就暂停一个星期的数学分析自习；如果你的朋友喜欢社交玩耍，在数学分析上很菜，你就悄悄换个人讨论或另做安排。如果你对某个问题真的很感兴趣，你愿意的话，也可以连续思考几个小时。这里的建议应该作为一个开端，帮助你建立学习习惯，并确保你顺利渡过最具挑战性的几个星期。

Ⅱ. 数学分析中的概念

第Ⅱ部分详细讲解数学分析中的6个核心概念：序列、级数、连续、可微、可积和实数。每个概念一章，都是从数学分析的初学者已有的知识出发；然后通过引入关键定义，凸显常见错误观念和混淆的来源并加以解决，用例子和图阐释新概念，并向读者提出问题，从而以一种更复杂的方式重构已有的知识。各章的后面部分选择了一些定理和证明进行讨论，将它们与更广泛的数学原理联系起来，并指出它们在典型的分析课程中所起的作用。最后一章简要回顾了学习数学分析时需要注意的重要事项。

5.
序列

这一章介绍了序列的单调、有界和收敛等性质，并用图例阐释了这些性质，展示了它们的定义在各种证明中的应用；讨论了趋向无穷大的序列所引出的问题，并讲解了这些概念在数学分析中的作用。

5.1 什么是序列?

序列是有无限项的数列，例如

$$2, 4, 6, 8, 10, 12, \cdots$$

或者

$$1, \frac{1}{3}, \frac{1}{9}, \frac{1}{27}, \frac{1}{81}, \frac{1}{243}, \cdots$$

$$1, 0, 1, 0, 1, 0, 1, 0, \cdots$$

数学分析涉及对各种序列的性质及其相互关系的研究。了解序列的各种表示方法以及这些方法的优缺点有助于灵活地思考这些关系。即便使用这种简单的列表表示，仍然有一些事情需要注意。

首先，列表中每一项后面都有逗号，显式列出的最后一项后面也有。这只是标记惯例，但是如果你做得对的话，就会显得很专业。

其次，列表以省略号结尾，也就是三个圆点。省略号在这里表示永远继续下去。有省略号很重要，否则读者会认为列表在最后一项后就结束了。在数学分析中“序列”这个词总是指无限序列，而在日常生活中并不是这样，“序列”可能指一个有限的列表。同所有数学定义一样，你可以在日常生活中随意解读，但在数学中你必须坚持规范。[①]

第三，序列只朝一个方向无限延伸。例如，这就不是序列：

$$\cdots, -6, -4, -2, 0, 2, 4, 6, \cdots$$

这一点的另一种非正式的说法是，序列必须有第一项。强调这个可能让人觉得奇怪，但是有些情况会诱使初学者允许序列向两个方向无限延伸。我会在 5.9 节再解释这一点。

最后，虽然上面的序列具有明显的模式，但这不是必要特征。随机生成的无限列表也是序列。当然，随机序列很难处理，因此在实际中，你通常看到的都是遵循某种模式的序列。但是关于序列的一般性定理适用于所有满足定理前提的序列，[②] 而不是仅仅适用于那些可以用漂亮的公式表示的序列。

① 参见第 2 章。

② 参见 2.7 和 2.8 节对定理前提的讨论。

5.2 序列的表示

除了列表表示，序列也经常用公式表示。例如，序列 2，4，6，8，10，12，…可以用公式表示为：

设序列(a_n)定义为$\forall n \in \mathbb{N}$，$a_n = 2n$。

请注意这种表示和序列必须有第一项的规定之间的联系。自然数集合 $\mathbb{N}$ 是$\{1, 2, 3, 4, \cdots\}$，所以相应地有 $a_1 = 2$，$a_2 = 4$，等等；没有 a_0 或 a_{-1}。另外，a_n 表示序列的第 n 项，(a_n)表示整个序列。两者不是一回事，a_n 是一个数字，(a_n)则是一个无限的数字列表，所以一定要写对。序列的另一种表示法是$\{a_n\}_{n=1}^{\infty}$。我不喜欢这种表示，因为太烦琐，而且大括号也用来表示集合，集合项的顺序无关紧要。对于序列，顺序很重要。因此，我坚持在书中使用圆括号表示法，但你应该采用你的课程或教科书中使用的方法。

序列还可以进一步表示为在括号中使用公式，例如：

考虑序列$(2n)$。

当 n 趋向无穷大，序列$\left(\frac{1}{3^{n-1}}\right)$趋于 0。

就算公式较长也仍然有助于清晰表述，另外有时候可能需要用不同的公式表示不同的项。例如，序列 1，0，1，0，1，0，…可以这样表示：

$$\text{设序列}(x_n)\text{定义为 } x_n = \begin{cases} 1 & \text{当 } n \text{ 为奇数，} \\ 0 & \text{当 } n \text{ 为偶数。} \end{cases}$$

这是单个序列，不要因为它的表示方式认为它是两个序列。公式为序列各项给出了唯一值。

这里还有两个序列，同时用公式和列表表示。哪个公式对应哪个列表?

1，1，2，2，3，3，4，4，…；　　1，3，2，4，3，5，4，6，…。

$$b_n=\begin{cases}(n+1)/2 & \text{当 } n \text{ 为奇数}\\ n/2 & \text{当 } n \text{ 为偶数}\end{cases}\qquad c_n=\begin{cases}(n+1)/2 & \text{当 } n \text{ 为奇数}\\ (n+4)/2 & \text{当 } n \text{ 为偶数}\end{cases}$$

公式之所以有用，是因为它们能简洁地表示序列。但是我建议不要执着于公式。在表示之间进行转换是一项重要技能，但有些同学花了太多时间考虑如何表示成公式，而列表其实就可以很好地表达他们的想法。

序列也可以用图表示。一种标准的表示方法是数轴，对于某些序列，如 1，$\frac{1}{2}$，$\frac{1}{4}$，$\frac{1}{8}$，…，这种方法很适合：

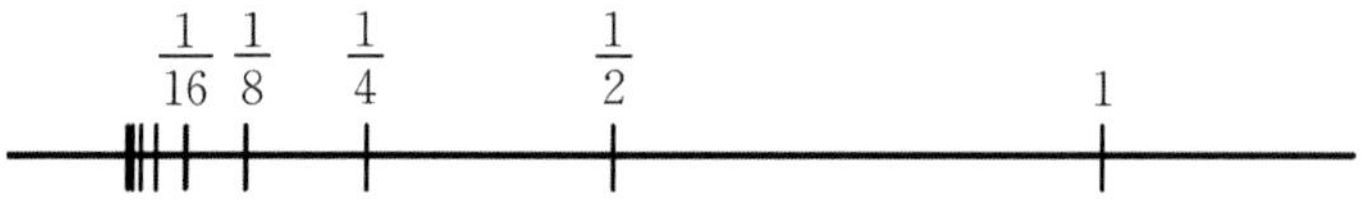

$\frac{1}{16}$　$\frac{1}{8}$　$\frac{1}{4}$　$\frac{1}{2}$　1

但是请注意，这个图没有明确标示各项的顺序，有必要的话还要额外增加一些说明，例如哪个刻度为第一项，哪个为第二项，等等。这使得数轴对于 1，0，1，0，1，0，…这样的序列没什么用，当然我们也可以添加标注来解释是怎么回事：

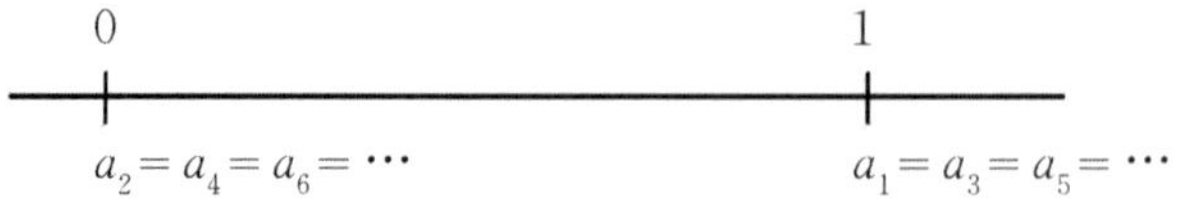

0　1

$a_2=a_4=a_6=\cdots$　$a_1=a_3=a_5=\cdots$

另一种方法是增加维度，一维表示 n，一维表示 a_n：

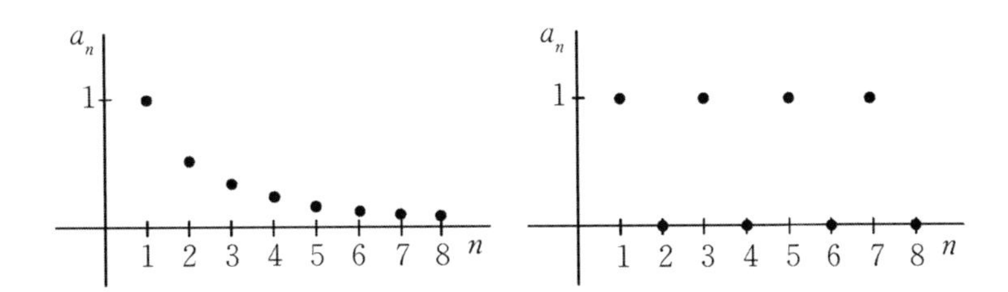

在序列图中最好是画点而不是曲线，因为序列只定义在自然数上，不存在 $a_{\frac{3}{2}}$ 之类的项。另外，这种图各使用一个轴来显式地表示 n 值和 a_n 值，因此能很好地呈现序列的长期变化特征。这很方便，因为我们感兴趣的往往是长期变化。前面定义的序列(b_n)和(c_n)画出来是什么样子？

图对于思考序列与函数的数学关联也很有帮助：严格来说，序列就是**从自然数映射到实数的函数**。实际上，有些分析课程一开始就是这样定义。与将序列视为无限列表相比，这可能感觉不那么自然，但通过观察图，并认识到每个自然数都对应一个序列项，你应该能看出为什么这是合理的。如果用 $a(1)$或 $f(1)$替代 a_1，可能更容易看出序列与函数的关联，但下标表示法才是序列的标准表示。不过，这种关联值得注意——认识到数学领域之间的关联很有价值，因为一个领域中发展的理论可能也适用于另一个领域。

5.3 序列的性质：单调

前面给出的各种表示形式对于思考序列的性质很有帮助。例如，序列可能**单调递增**、**单调递减**，或者**有界**、**收敛**。你认为这些词是什么意思？你如何向别人解释它们的含义？如何用适当的符号给出相应的数学定义？现在把书放到一边，自己试一试。

认真尝试一下，你就会意识到这很具挑战性。它们的意义从直觉上可能很容易理解，但很难用数学语言严格刻画。意识到这一点应该会让你摆正心态，认真研究数学家给出的定义。

下面是**单调递增**和**单调递减**的定义。

定义：序列(a_n)单调递增当且仅当$\forall n \in \mathbb{N}$，$a_{n+1} \geqslant a_n$。

定义：序列(a_n)单调递减当且仅当$\forall n \in \mathbb{N}$，$a_{n+1} \leqslant a_n$。

两者都很简单明了，但放在一起却可能造成意想不到的困难。请判断下面这些序列是单调递增还是单调递减，抑或是两者都是或都不是？

$1, 0, 1, 0, 1, 0, 1, 0, \cdots$

$1, 4, 9, 16, 25, 36, 49, \cdots$

$1, \frac{1}{2}, \frac{1}{3}, \frac{1}{4}, \frac{1}{5}, \frac{1}{6}, \frac{1}{7}, \frac{1}{8}, \cdots$

$1, -1, 2, -2, 3, -3, \cdots$

$3, 3, 3, 3, 3, 3, 3, 3, \cdots$

$1, 3, 2, 4, 3, 5, 4, 6, \cdots$

$6, 6, 7, 7, 8, 8, 9, 9, \cdots$

$0, 1, 0, 2, 0, 3, 0, 4, \cdots$

$10\frac{1}{2}, 10\frac{3}{4}, 10\frac{7}{8}, 10\frac{15}{16}, \cdots$

$-2, -4, -6, -8, -10, \cdots$

几乎所有人都会犯错，所以请仔细阅读定义。

下面是答案。

$1, 0, 1, 0, 1, 0, 1, 0, \cdots$	都不是
$1, 4, 9, 16, 25, 36, 49, \cdots$	单调递增
$1, \frac{1}{2}, \frac{1}{3}, \frac{1}{4}, \frac{1}{5}, \frac{1}{6}, \frac{1}{7}, \frac{1}{8}, \cdots$	单调递减

1，−1，2，−2，3，−3，…	都不是
3，3，3，3，3，3，3，3，…	都是
1，3，2，4，3，5，4，6，…	都不是
6，6，7，7，8，8，9，9，…	单调递增
0，1，0，2，0，3，0，4，…	都不是
$10\frac{1}{2}$，$10\frac{3}{4}$，$10\frac{7}{8}$，$10\frac{15}{16}$，…	单调递增
−2，−4，−6，−8，−10，…	单调递减

你都做对了没有？即使提醒了要仔细，许多同学还是会至少错一个。例如，许多人认为1，0，1，0，1，0，1，0，…既单调递增也单调递减，大多数人都认为3，3，3，3，3，3，3，3，3，…既不单调递增也不单调递减。这毫不奇怪，因为这些听起来都很自然。但他们是基于日常直觉，而不是数学定义。

第一个错误是没有区分局部性和全局性。当人们说序列1，0，1，0，1，0，1，0，…既单调递增又单调递减时，他们通常考虑的是局部性，认为序列从1开始，递减，然后递增，然后递减，然后又递增，循环往复。仔细阅读会发现**单调递增**的定义是一般性命题，关注的是整体性：它说的是对于**任意的** $n\in\mathbb{N}$，$a_{n+1}\geqslant a_n$。对于这个序列当然不成立。事实上，它差得相当远。有无穷多个 n 值对应的 a_{n+1} 小于 a_n。例如，$a_2<a_1$、$a_4<a_3$，等等。所以这个序列不符合单调递增的定义。同样它也不符合单调递减的定义。所以，从数学上来说，它既不是单调递增也不是单调递减。

为了避免第二个错误，我们必须谨慎对待不等号。要符合单调递增的定义，每一项必须大于或等于它的前项。如果每一项都与前项相等，是符合定义的。这可能让人有点奇怪，但这样定义是合理的，因为它意味着像6，6，7，7，8，8，9，9，…这样的序列被归类为单调递增。它在数学分析中也很好用，因为它能简化定理的表述——许多适用于单调递增序列的定理也适用于常数序列。另外，数学家也使用下面这些定义：

定义：序列(a_n)严格单调递增当且仅当$\forall n \in \mathbb{N}^+$，$a_{n+1} > a_n$。
定义：序列(a_n)严格单调递减当且仅当$\forall n \in \mathbb{N}^+$，$a_{n+1} < a_n$。

请思考如何将它们应用于前面的序列。

最后还有一个定义与单调递增和单调递减有关联：

定义：序列(a_n)具有单调性当且仅当其单调递增或单调递减。

初学者有时会对“或”这个词感到困惑。在日常用语中，“或”有两个不同的意义，具体是什么意义取决于上下文。一个意义为**包容性**，指的是两者之一或两者都是，例如：

想要在三年级选修应用统计学需要在二年级选修统计方法或数学统计学导论。

另一个意义为排他性，指的是两者之一，但不是两者都是，例如：

你的午餐券还可以换一个冰淇淋或一块蛋糕。

为了避免歧义，我们在数学中选定一个意义，包容性。所以这个定义意味着如果一个序列是单调递增或单调递减，或两者都是，则称为单调序列：

1，4，9，16，25，36，49，…

$$1，\frac{1}{2}，\frac{1}{3}，\frac{1}{4}，\frac{1}{5}，\frac{1}{6}，\frac{1}{7}，\frac{1}{8}，\cdots$$

$$3，3，3，3，3，3，3，3，\cdots$$

$$6，6，7，7，8，8，9，9，\cdots$$

$$10\frac{1}{2}，10\frac{3}{4}，10\frac{7}{8}，10\frac{15}{16}，\cdots$$

$$-2，-4，-6，-8，-10，\cdots$$

5.4 序列的性质：有界与收敛

序列**有上界**的定义类似于 2.6 节讨论的集合**有上界**的定义：

定义：集合 X 有上界当且仅当 $\exists M \in \mathbb{R}$ 使得 $\forall x \in X$，$x \leqslant M$。
定义：序列(a_n)有上界当且仅当 $\exists M \in \mathbb{R}$ 使得 $\forall n \in \mathbb{N}$，$a_n \leqslant M$。

唯一的区别是在序列有上界的定义中是“$\forall n \in \mathbb{N}$”，因为序列用自然数对项进行了索引。我喜欢通过画图来思考有界性。请结合下面这些图思考有上界的定义：

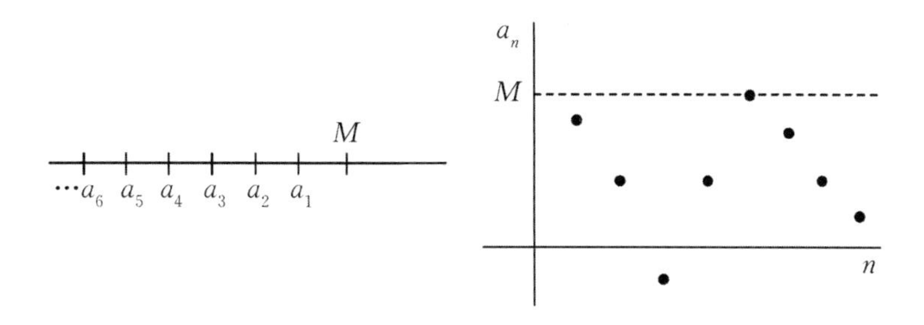

你认为**有下界**应该怎么定义？如何用图呈现这个想法？

数学家还使用另一个相关定义，下面用图给出了简要阐释。

定义：序列(a_n)有界当且仅当$\exists M>0$使得$\forall n\in\mathbb{N}^+$，$|a_n|\leqslant M$。

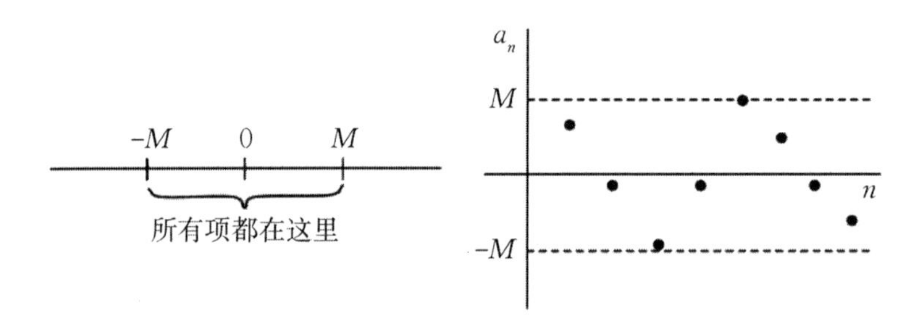

这个定义有没有说所有项都不能等于M或$-M$？还是有些项能等于？为什么要明确$M>0$？

图形表示对于思考序列的性质很有用，它们也可以帮助理解相关定理。下面会给出一些与**收敛性**有关的定理，但暂时还不会给出收敛的定义——它在逻辑上很复杂，后面再讨论它。这里先给出收敛的含义的非形式化描述和图形描述。

非形式化描述：序列(a_n)收敛于极限a当且仅当只要沿着序列走得足够远，我们就能让a_n与a想要多近就有多近。

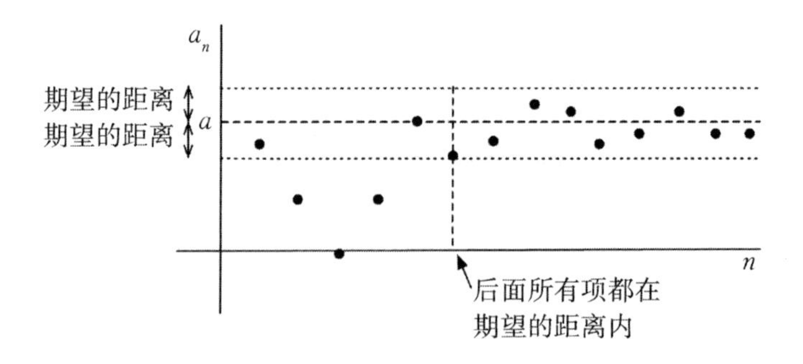

如果期望的距离很小，我们可能需要沿着序列走很远。这种描述可能符合你对收敛的直观认识，但可能在几个方面还是有所不同。首先，收敛这个词的日常意义容易让人联想到单调序列，并且认为序列项必须以一

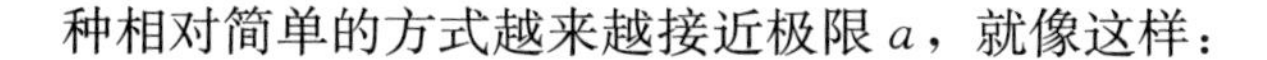
种相对简单的方式越来越接近极限 a，就像这样：

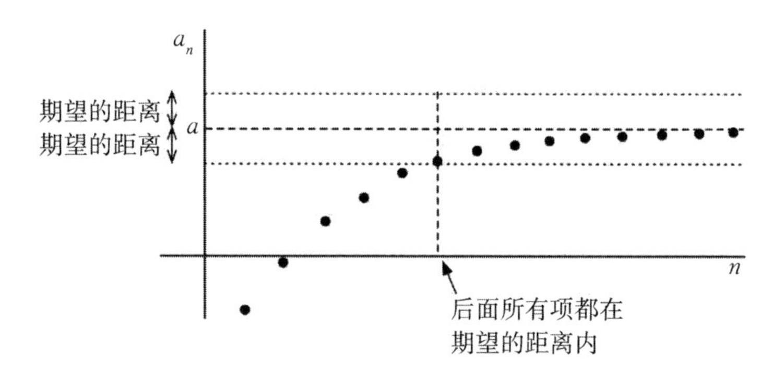

这个非形式化描述当然适用于这样的序列。但是它也适用于前一幅图中的序列，前一幅图更具一般性，① 有些项高于极限，有些项低于极限，有时候序列会稍微远离极限，然后再次靠近。在这些方面，这个非形式化描述与数学中的收敛概念相一致，所以你现在应该修正自己的思维。

虽然目前还只学了几个性质，我们已经可以思考一系列可能的定理，其中一些如下。这些命题被称为**全称命题**，因为它们对满足某个性质的所有对象都给出了论断。你认为哪些是正确的，哪些是错误的？

- 所有有界序列都收敛。
- 所有收敛序列都有界。
- 所有单调序列都收敛。
- 所有收敛序列都单调。
- 所有单调序列都有界。
- 所有有界序列都单调。
- 所有有界单调序列都收敛。

要证明一个全称命题是错的，也就是证**否**命题，只需要给出一个**反**

① 参见 2.5 和 2.9 节对图的讨论。

例。例如，第一个命题的反例是一个不收敛的有界序列。一个反例就够了，只要存在一个反例不能满足全称命题，就足以证明这个命题是错的。对于那些你认为是错误的命题，你能给出反例吗？

为了证明一个全称命题是正确的，我们必须证明这个结论适用于所有符合前提的对象。显然，这可能要比寻找反例复杂得多。类似这样的命题的证明一般都直接基于相关的定义进行构建，我们将在这一章后面讨论其中一些证明。对于那些你认为是正确的命题，你能给出令人信服的直观论证，证明它是正确的吗？

如果考虑子序列，可以得到更多可能的定理。顾名思义，子序列就是从最初的序列中选择一些项而忽略其他项。$(a_n)=1, \frac{1}{2}, \frac{1}{3}, \frac{1}{4}, \frac{1}{5}, \frac{1}{6}, \frac{1}{7}, \frac{1}{8}, \cdots$ 有子序列 $(a_{2^n})=\frac{1}{2}, \frac{1}{4}, \frac{1}{8}, \frac{1}{16}, \frac{1}{32}, \cdots$ 和 $(a_{3n-1})=\frac{1}{2}, \frac{1}{5}, \frac{1}{8}, \frac{1}{11}, \frac{1}{14}, \cdots$。

如果不理解这些标记是什么意思，可以将 $n=1$ 和 $n=2$ 代进去。在构造子序列时，不能改变项的顺序，否则与原序列的关联就没有了。子序列也不能有结束的地方，因为子序列本身也必须是序列，它必须是无限的。此外，上面列出的子序列所选择的项，索引号恰好能用代数式表示，但这不是必须的，也可以通过抛硬币来决定是否包括原序列的每一项。

下面又给出了几个全称命题，有一些可能是定理。你认为哪些是正确的，哪些是错误的？

- 所有收敛序列都有单调子序列。
- 所有序列都有单调子序列。
- 所有有界序列都有收敛子序列。

如果你觉得很容易回答，那说明你思考的深度还不够。我在课堂上问同学们中间那个是不是对的，200 个同学大约有一半说是，一半说不是。这些同学都很聪明，但还是不能达成一致，并不是因为他们没怎么思考，他们对这些定义进行了研究，我还给了他们时间讨论。

认识到这一点后，再试一次，记住序列不一定要遵循一个可预测的模式(尽管你可能希望从 5.3 节给出的那些序列开始考虑)。如果你认为某个命题是错的，你能给出反例吗？或者大致描述一下反例是什么样的。如果你认为某个命题是正确的，你如何说服其他人？如果有人认为肯定存在反例，你如何让他们意识到自己错了？深入思考这些问题有助于理解这一章后面和数学分析课程中将要遇到的论证。

5.5 从直觉出发认识收敛

这一节和下一节都是讨论收敛的定义。这一节从直觉出发，将 5.4 节给出的非形式化描述形式化。下一节直接从定义着手，阐释如何理解定义。你可以根据自己的喜好先读这一节或下一节。如果你正在上数学分析课，并且还不是很理解收敛的定义，你可能会发现 5.6 节更合适你，因为它给出了如何理解这些语句的一般性建议。

如果你还没有开始上数学分析课，你可能会觉得我小题大做。我这样做有两个原因。一是这个定义在任何数学分析课中都是绝对的核心。二是它在与序列相关的定义中是逻辑最复杂的，因此理解它需要多付出一些努力。

再次给出非形式化描述：

非形式化描述：序列(a_n)收敛于极限 a 当且仅当只要沿着序列走得足够远，我们就能让 a_n 与 a 想要多近就有多近。

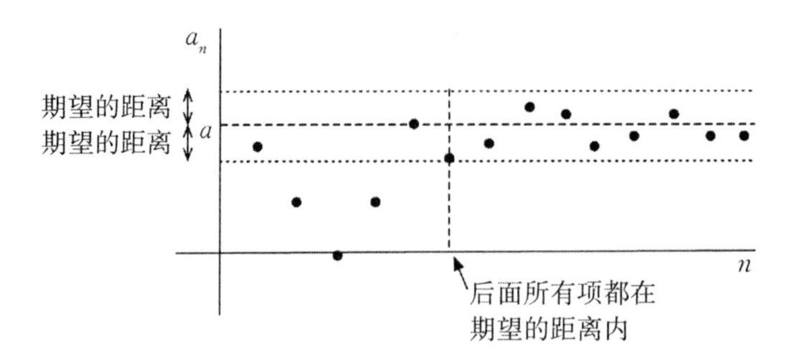

为了将其转化为形式化定义，需要对“近”的概念进行代数处理。假设我们要考虑与极限 a 的距离小于 ε 的项（ε 是希腊字母 epsilon）。换句话说，我们想要的是 $a-\varepsilon$ 和 $a+\varepsilon$ 之间的项，即我们想让 $a-\varepsilon<a_n<a+\varepsilon$。

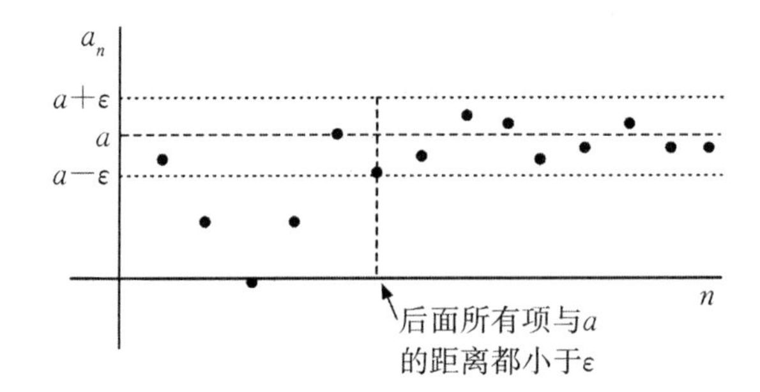

不等式 $a-\varepsilon<a_n<a+\varepsilon$ 可以进一步简写为 $|a_n-a|<\varepsilon$，因为

$$|a_n-a|<\varepsilon \Leftrightarrow -\varepsilon<a_n-a<\varepsilon \Leftrightarrow a-\varepsilon<a_n<a+\varepsilon。$$

在这种背景下，我一般将 $|a_n-a|<\varepsilon$ 读作“a_n 与 a 的距离小于 ε”。为了便于理解，我建议你也这么做（ε 要读作 epsilon 而不是 e）。

非形式化描述是这样说的：“只要沿着序列走得足够远，我们就能让 a_n 与 a 想要多近就有多近。”数学家这样刻画“走得足够远”的概念：

$$\exists N\in\mathbb{N} \text{ 使得 } \forall n>N，|a_n-a|<\varepsilon。$$

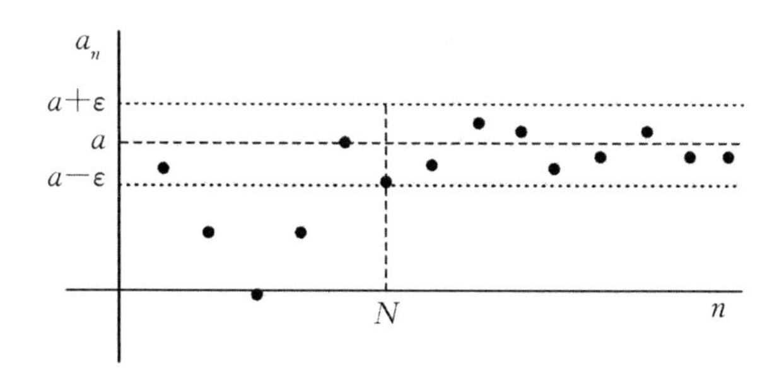

请朗读这个符号语句，并思考其中每部分与图的关系。我是这样思考的：

$\exists N\in\mathbb{N}$	使得	$\forall n>N$，	$\|a_n-a\|<\varepsilon$。
序列中存在一点	使得	在那一点之后	所有项与 a 的距离小于 ε。

然而，这只是 ε 的一个值。小 ε 刻画了 a_n 与 a 的距离很近的想法。但它没有刻画出**要多近有多近**的想法。我们想要让 a_n 与 a 的距离小于 $\varepsilon=\frac{1}{2}$，小于 $\varepsilon=\frac{1}{4}$，不断缩小，也许沿着序列走得越远，就可以得到越来越小的 ε：

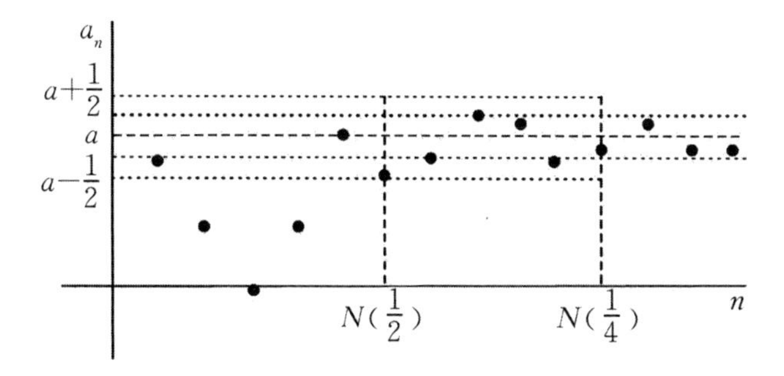

所以我们实际想说的是，对于**任意的** $\varepsilon>0$，只要沿着序列走得足够远，就可以确保后面所有项与 a 的距离都不超过 ε。这样就获得了完整的定义：

定义：(a_n)收敛于 a 当且仅当

$$\forall \varepsilon>0, \exists N\in\mathbb{N}^+ \text{使得} \forall n>N, |a_n-a|<\varepsilon。$$

如果你还需要冗长的非形式化版本，这里再提供一个：

定义：(a_n)收敛于 a 当且仅当

$\forall \varepsilon>0$，	$\exists N\in\mathbb{N}$	使得	$\forall n>N$，	$\lvert a_n-a\rvert<\varepsilon$。
无论 ε 有多小	序列中存在一点	使得	在那一点之后	所有项与 a 的距离小于ε。

不过，不要一直停留于模糊的非形式化思考方式。数学家也用直觉思考，但他们是用形式化定义作为最终的书面成果。

5.6 从定义出发认识收敛

这一节直接给出收敛到极限 a 的定义，然后再阐释如何理解定义，与此同时也对理解类似的定义给出了建议。我的目的是让你学会如何认识这样的定义，并将其与其他表示形式联系起来，以理解它的含义，从而最终得到上一节的相同结果，只不过是通过一条不同的路径。无论采取哪条路径，你的目标都是理解为什么这是一个合理的收敛定义。

定义如下：

定义：(a_n)收敛于 a 当且仅当

$$\forall \varepsilon>0, \exists N\in\mathbb{N} \text{使得} \forall n>N, |a_n-a|<\varepsilon。$$

首先请朗读一遍（ε 是希腊字母 epsilon，如果不记得，请参考书前面的符号表）。不过，朗读不太可能让你马上就能理解，因为日常语句和初等数学中的语句都没有这么复杂。这个定义有 3 个嵌套量词，一个语句中堆积了 3 个“$\forall$”和“$\exists$”量词。要理解一个嵌套结构的量化语句，从后面开始一般要比从前面开始容易，我们来试试。

定义的最后一部分是$|a_n-a|<\varepsilon$。为了理解其意义，我们来做一点代数。你应该记得，比如说，

$$|x|<2 \Leftrightarrow -2<x<2。$$

类似地，我们可以得到

$$|a_n-a|<\varepsilon \Leftrightarrow -\varepsilon<a_n-a<\varepsilon \Leftrightarrow a-\varepsilon<a_n<a+\varepsilon。$$

因此$|a_n-a|<\varepsilon$ 意味着 a_n 介于 $a-\varepsilon$ 和 $a+\varepsilon$ 之间。你也可以说 a_n 与极限 a 的距离小于 ε。因为这涉及 a_n 与 a 的比较，我们可以在横轴为 n 纵轴为 a_n 的图上表示相应的值：

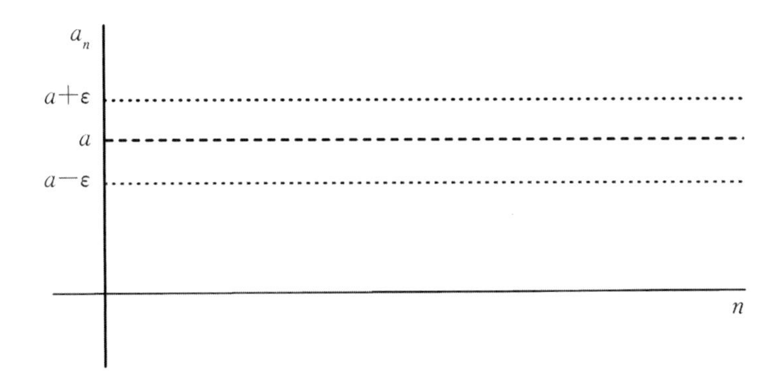

定义再往前是“$\forall n>N$，$|a_n-a|<\varepsilon$”。换句话说，对于大于 N 的 n，距离不等式成立。注意，我们对 a_N 之后的项知之甚少，只知道它们与 a 的距离不超

过 ε。我们对于 a_N 之前的项也一无所知，所以那里暂时没放任何东西。

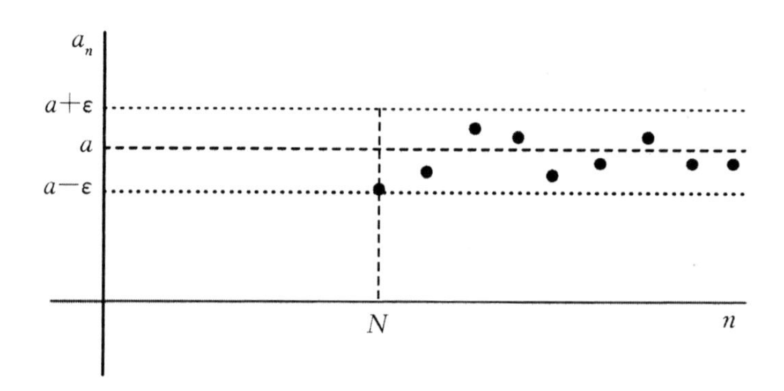

再往前是

$$\exists N \in \mathbb{N} \text{ 使得 } \forall n > N, \ |a_n - a| < \varepsilon。$$

从某种意义上来说，这在图上已经体现出来了，因为必须存在一个 N，我才能画出来。但是我们现在可能想考虑 a_N 之前的项。既然说存在一个 N，超过它之后有某个东西成立，就可以认为，在 N 之前，它可能不成立——也就是说，之前的一些项可能会离 a 更远。因此，一个常规的图可能会是这样的：

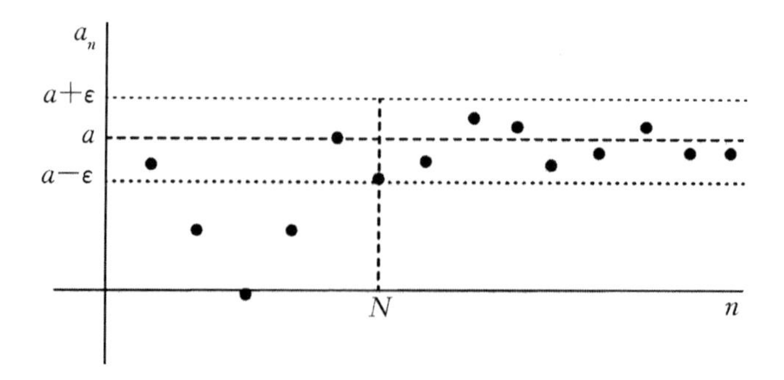

那么其余的部分呢？

$$\forall \varepsilon>0, \exists N \in \mathbb{N} \text{ 使得 } \forall n>N, |a_n-a|<\varepsilon。$$

这说的是**对于任意大于 0 的 ε**，前面研究过的东西都成立。明确 $\varepsilon>0$ 是有意义的，因为 ε 是距离。当然，上图中的 ε 大于 0。但是这个图只显示了一个 ε 值和它对应的 N。为了理解**对任意大于 0 的 ε** 意味着什么，我们可以想象让 ε 变化，并且随着 ε 越来越小，我们需要的 N 越来越大：

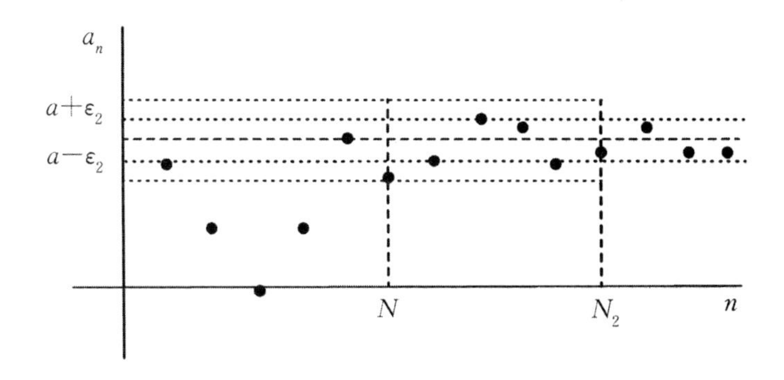

总的来说，我想通过定义、图和这种非形式化的解释来阐明非形式化和形式化思维之间的关系：

定义：(a_n)收敛于 a 当且仅当

$\forall \varepsilon>0$，	$\exists N \in \mathbb{N}$	使得	$\forall n>N$，	$\lvert a_n-a\rvert<\varepsilon$。
无论 ε 有多小	序列中存在一点	使得	在那一点之后	所有项与 a 的距离小于 ε。

我希望你现在认识到了，这个定义精准刻画了收敛到极限的概念。我也希望这个解释能对你有帮助。如果是这样的话，我会很高兴。然而，有帮助的解释存在一个问题：如果你读到或听到一个解释，你很容易点头说“嗯，嗯……嗯，我明白了，是的……”但这种感觉可能很短暂，你当

时感觉理解了，并不等于以后能回想起来并运用自如。因此建议你用更严格的测试来检验你是否理解了：把定义写在纸上，把书放到一边，自己重新构建一个解释。

5.7 关于收敛的定义需要注意的地方

后面几节展示如何使用收敛的定义来建立数学分析中的结果。在此之前，我想澄清对这个定义的一些常见误解。

首先，前两节的解释并不是“证明”这个定义。定义是不用证明的，它们是约定俗成的，是大家都同意采用的对概念意义的精确表述。我用图和非形式化表述解释了为什么这个定义是合理的，但这不是证明(关于定义以及它们在数学理论中的作用，参见 2.3 和 3.2 节)。

其次，这个定义并没有说在无穷远处会发生什么。谈论“无穷远处”发生的事情尽管听起来很诱人，实际上没有意义——序列没有“a_∞”或“最后一项”，因为∞(无穷)不是一个自然数。

第三，这个定义不需要运动或时间的概念。许多人认为收敛是沿着序列移动，看着项逐渐接近极限 a。但是当数学家研究序列时，他们不会想象在一个时间过程中生成新的项，而是将整个序列视为已经存在。此外，想象沿着序列移动并观察项越来越接近 a 有点简单化，因为定义没有规定每一项必须比前项更接近极限。5.4 节就曾指出，情况可能是这样，但也可能不是。

第四，许多人认为是 n 在控制 a_n，从而控制 a_n 与 a 的距离。这没什么问题，但是对这个定义，我们不会说“对于这个 N，距离是 ε”。我们只会说“对于这个距离 ε，这是合适的 N”。再回顾一下，确保自己明白这一点，这对于理解定义的应用很重要。

第五，在谈论收敛时使用了几种不同的标记法和短语，可以根据场景哪个更自然就使用哪个。下面是一些常见例子的读法：

$(a_n)\to a$	“(a_n)收敛于 a”或“(a_n)趋近于 a”
随着 $n\to\infty$，$a_n\to a$	“随着 n 趋向无穷大，a_n 趋于 a”
$\lim\limits_{n\to\infty} a_n=a$	“n 趋向无穷大时，a_n 的极限为 a”

在数学中，这些标记法的意思是一样的：(a_n)满足收敛的定义。

最后，“ε”并不是我随心所欲选用的，所有与极限相关的定义都用它。“ε”的符号就像反过来的“3”，不同于集合包含符号“∈”，“∈”更像是多了一条线的“c”。手写的时候注意区分“ε”和“∈”，因为它们经常出现在同一个语句中。经常有初学者用“$\forall 3>0$”开始收敛的定义。我能看明白，但最好不要这样写。

5.8 证明序列收敛

在引入收敛的定义后，老师通常会证明某些序列收敛。在许多例子中，你都能够看出序列收敛并给出它的极限。但我们之所以要去证明它，不是为了确证它为真，而是为了了解如何使用基于定义的理论。这里我们以$\forall n\in\mathbb{N}$，$a_n=3-\frac{4}{n}$的序列(a_n)为例。序列的前几项为

$$\left(3-\frac{4}{n}\right)=3-4，3-2，3-\frac{4}{3}，3-1，3-\frac{4}{5}，3-\frac{4}{6}，3-\frac{4}{7}，3-\frac{4}{8}，\cdots$$

这个序列的极限是多少？随着 n 趋向无穷大，$\frac{4}{n}$趋于 0，因此 a_n 收敛于 3。

要证明这个结论，我们需要证明这个序列符合收敛于 3 的定义；替换定义中的 a_n 和 a 后，我们需要证明的是

$$\forall \varepsilon>0，\exists N\in\mathbb{N} 使得 \forall n>N，\left|\left(3-\frac{4}{n}\right)-3\right|<\varepsilon。$$

很多人喜欢直接从逻辑和代数的角度切入这个问题。我喜欢先画图。下面的草图画了(a_n)和随意选定的距离ε。

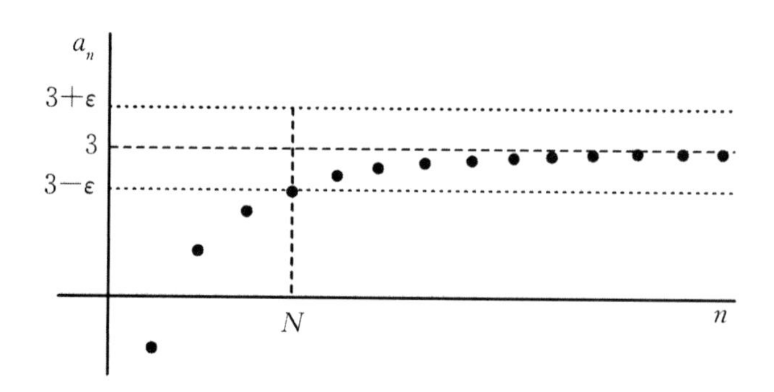

对于给定的ε，合适的N是多少？如果你觉得没把握，可以代入几个ε值，$\varepsilon=1$怎么样？$\varepsilon=\frac{1}{2}$呢？显然，N完全取决于ε：ε越小，需要的N就越大。我们需要让$\frac{4}{n}<\varepsilon$，也就是$\frac{4}{\varepsilon}<n$。因此任何大于$\frac{4}{\varepsilon}$的自然数N都可以。我们通常选$N=\left\lceil\frac{4}{\varepsilon}\right\rceil$，$\lceil x \rceil$表示比$x$大的最小整数。有了这个，我们就可以基于定义写证明。再次给出我们需要证明的：

$$\forall\varepsilon>0,\ \exists N\in\mathbb{N}\text{ 使得 }\forall n>N,\ \left|\left(3-\frac{4}{n}\right)-3\right|<\varepsilon。$$

我们想要证明$\forall\varepsilon>0$，某个东西为真。因此合理的做法是设定任意的$\varepsilon>0$，然后证明命题其余部分成立，这样开始：

断言：$3-\frac{4}{n}\to 3$。

证明：对任意的$\varepsilon>0$，

对于这个 ε，我们要证明存在 $N \in \mathbb{N}$ 使得某个东西为真。证明某个东西存在的最简单方法是明确它是什么，我们可以基于上面的推理来做：

断言：$3-\frac{4}{n} \to 3$。

证明：对任意的 $\varepsilon>0$，

令 $N=\left\lceil \frac{4}{\varepsilon} \right\rceil$，

然后我们需要证明 $\forall n>N$，$\left|\left(3-\frac{4}{n}\right)-3\right|<\varepsilon$。该怎么做很明显，只是要确定自己明白为什么各个等式和不等式成立。

断言：$3-\frac{4}{n} \to 3$。

证明：对任意的 $\varepsilon>0$，

令 $N=\left\lceil \frac{4}{\varepsilon} \right\rceil$，

则 $n>N \Rightarrow \left|\left(3-\frac{4}{n}\right)-3\right|=\left|\frac{4}{n}\right|=\frac{4}{n}<\varepsilon$。

到这一步证明已经完成了。不过为了礼貌起见最好还是写个结论。直接写“因此 $3-\frac{4}{n} \to 3$”就可以了，但你也可以添加一行来总结这个论证，这样也可以展示它们是如何组合到一起的：

断言：$3-\frac{4}{n} \to 3$。

证明：对任意的 $\varepsilon>0$，

令 $N=\left\lceil\frac{4}{\varepsilon}\right\rceil$，

则 $n>N \Rightarrow \left|\left(3-\frac{4}{n}\right)-3\right|=\left|\frac{4}{n}\right|=\frac{4}{n}<\varepsilon$。

这样就证明了

$$\forall \varepsilon>0,\ \exists N\in\mathbb{N} \text{ 使得 } \forall n>N,\ \left|\left(3-\frac{4}{n}\right)-3\right|<\varepsilon。$$

因此 $3-\frac{4}{n}\to 3$ 得证。

在研读这样的证明时，最好多思考一下，问问怎样改动可以让论证仍然成立，或者如何修改以应对其他情形。例如，我们用的是 $N=\left\lceil\frac{4}{\varepsilon}\right\rceil$，必须这样吗？能不能用 $N=\left\lceil\frac{4}{\varepsilon}\right\rceil+100$ 代替？你能用代数和图解释你的答案吗？如果 $a_n=3+\frac{5}{n}$，应该如何修改证明？如果是 $a_n=c+\frac{d}{n}$ 呢？其中 c 和 d 为常量。你的修改对 c 和 d 取正负值都成立吗？如果 c 和 d 等于 0 呢？如果 c 和 d 不是整数呢？

这样做很有好处，因为数学分析课会给出一些例子，但可能不会很多。有的老师可能只证明 $\left(\frac{1}{n}\right)$ 收敛于 0，然后就进入下一节。如果你习惯了中学数学课的做法，老师教你步骤然后要求你练习很多次，你可能会有点不适应(如果是这样，建议你阅读或重读第一部分)。但如果你能利用这些问题来思考概括，你应该会觉得没有必要讲很多例子或者做大量习题。

5.9 收敛与其他性质的关系

上一节证明了一个具体的序列满足收敛的定义。这一节的重点是证明收敛与其他性质的关系。还记得 5.4 节给出的可能的定理吗？

- 所有有界序列都收敛。
- 所有收敛序列都有界。

你认为对吗？所有有界序列都收敛吗？不是。大多数人都能答对，因为他们很容易想到一些有界但不收敛的序列。例如：

$$(x_n)，其中\ x_n=\begin{cases}1 & 当\ n\ 为奇数，\\ 0 & 当\ n\ 为偶数。\end{cases}$$

你能再举一个吗？你能再举 15 个吗？我是开玩笑的，但你应该能轻松想出 15 个不同的序列。

那后面这个呢？所有收敛数列都有界吗？是的。但这个很多人想不明白。还记得我说过有时候你会忍不住让序列双向无限延伸吗？这就是诱惑的来源。人们习惯于思考从实数映射到实数的函数，而不是从**自然数**映射到实数的序列。所以他们倾向于在序列的图中用曲线代替点，然后想象这样的图形：

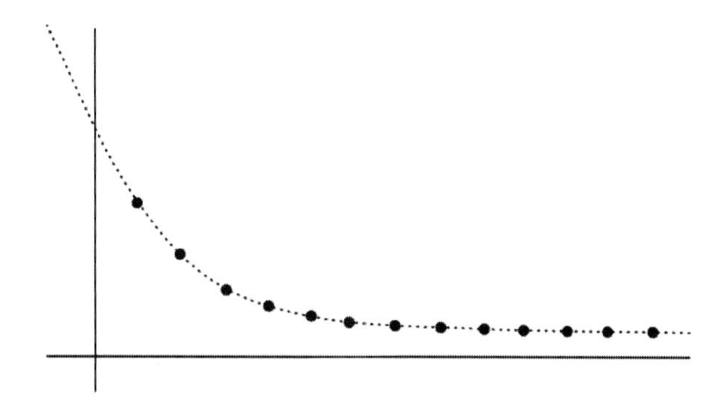

这使得他们认为收敛序列可以向左无限延伸。但序列只能向右无限延伸，a_1，a_2，a_3，…。a_1 是第一项，a_1 的左边没有项。这就是为什么强调最好用点画序列图——这有助于抵抗这种诱惑。

所以所有收敛序列都有界，这个可以表述为定理。下面给出了这条定理以及它的证明和图例。在阅读之前，请复习一下 3.5 节的自我解释练习。当你阅读的时候，仔细思考证明与图上的标注的联系。

定理：所有收敛序列都有界。

证明：设$(a_n)\to a$，

根据定义，有$\exists N\in\mathbb{N}$，使得$\forall n>N$，$|a_n-a|<1$，

即$\forall n>N$，$a-1<a_n<a+1$，

注意 N 是有限的。

令$M=\max\{|a_1|, |a_2|, \cdots, |a_N|, |a-1|, |a+1|\}$，

则$\forall n\in\mathbb{N}$，$|a_n|<M$。

因此(a_n)有界。

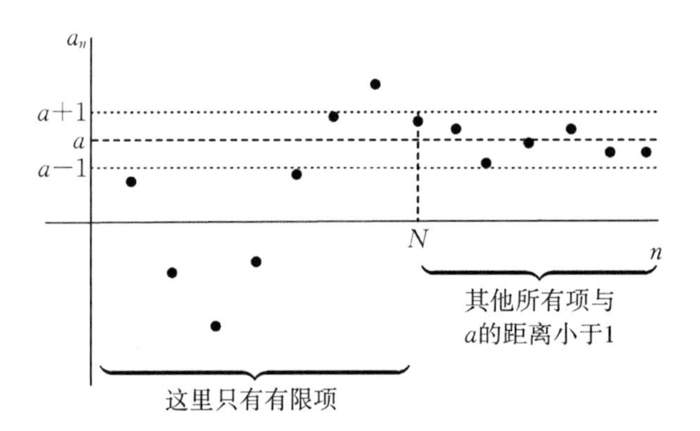

你能不能在图上标注 M 的位置？

这里需要注意的是，前一节是证明序列符合收敛的定义，这里的证明则是以此为前提。这取决于断言和定理的结构，请确保自己明白为什么是这样。这一节从假设收敛出发，推导出：$\exists N\in\mathbb{N}$ 使得 $\forall n>N$，$|a_n-a|<1$(将定义中的 ε 替换为具体的 1，定义对任意的 $\varepsilon>0$ 都成立，所以对 $\varepsilon=1$ 也成立)。

另外要注意的是，这个定理的逆定理不成立。[①] 对此你可以这样思考：

$$\text{收敛} \Rightarrow \text{有界}$$
$$\text{有界} \nRightarrow \text{收敛}$$

我在正式场合不会这样写，因为它很不严谨，但我发现用它记笔记很方便。

在继续之前，我们再看看其他命题。你现在对这些命题的认识是不是更深刻了？

- 所有单调序列都收敛。
- 所有收敛序列都单调。
- 所有单调序列都有界。
- 所有有界序列都单调。
- 所有有界单调序列都收敛。

5.10 收敛序列的组合

在 3.2 节曾提到，一旦引入了定义，随后引出的定理通常会给出这样的断言：如果两个对象都符合这个定义，那么它们的某种组合也符合这个定义。这一节我们来看看这类定理。

设$(a_n)\to a$ 和$(b_n)\to b$。对序列(a_n+b_n)，我们可以得出什么结论？这个不难，结论是：$(a_n+b_n)\to a+b$。这个结论(通常称为求和法则)显而易见，所以重点是如何在形式理论中证明它。这个证明利用了所谓的三角不等式定理(这里直接给出来，但你应该思考为什么它是对的，并寻找证明)：

① 参见 2.10 节对逆定理的讨论。

定理(三角不等式):$\forall x, y \in \mathbb{R}$,$|x+y| \leqslant |x|+|y|$。

下面是求和法则和证明。这个证明很经典,但比前一节的证明复杂一些。请仔细阅读,运用3.5节的自我解释练习。如果有不理解的地方,试着清楚说出是什么让你困惑。在证明之后,我将列出一些同学们常问的问题并给出答案。

定理(收敛序列求和法则):设$(a_n) \to a$和$(b_n) \to b$,则$(a_n+b_n) \to a+b$。

证明:设$(a_n) \to a$和$(b_n) \to b$,

设任意的$\varepsilon > 0$,

则$\exists N_1 \in \mathbb{N}$使得$\forall n > N_1$,$|a_n - a| < \varepsilon/2$

和$\exists N_2 \in \mathbb{N}$使得$\forall n > N_2$,$|b_n - b| < \varepsilon/2$。

令$N = \max\{N_1, N_2\}$,

则$\forall n > N$,

$$\begin{aligned}|(a_n+b_n)-(a+b)| &= |a_n - a + b_n - b| \\ &\leqslant |a_n - a| + |b_n - b| \text{(根据三角不等式)} \\ &< \varepsilon/2 + \varepsilon/2 = \varepsilon\text{。}\end{aligned}$$

因此$\forall \varepsilon > 0$,$\exists N \in \mathbb{N}$使得$\forall n > N$,$|(a_n+b_n)-(a+b)| < \varepsilon$。

因此$(a_n+b_n) \to a+b$得证。

你完全理解了这个证明吗?是否记下了一些问题?在继续往下读之前,想一想如何向别人解释这个定理和证明。在哪里有困难?

下面是同学们经常提的一些问题,以及答案。

- 为什么一开始要设任意的$\varepsilon > 0$?

因为倒数第二行的结论是,对于任意的$\varepsilon > 0$的情况,某个结论是正确的。以任意的$\varepsilon > 0$开头意味着整个证明对任意的$\varepsilon > 0$都成立。

- 为什么用$|a_n-a|<\varepsilon/2$而不是$|a_n-a|<\varepsilon$？

这样做是为后面的代数运算做准备。我们想得出的结论是$|(a_n+b_n)-(a+b)|<\varepsilon$。注意前面的代数运算是将$|a_n-a|$和$|b_n-b|$相加，所以我们希望它们都小于$\varepsilon/2$。

- 但是为什么可以说$\exists N_1\in\mathbb{N}$使得$\forall n>N_1$，$|a_n-a|<\varepsilon/2$？

因为如果ε是大于0的任意数，$\varepsilon/2$就是另一个大于0的任意数。因为假设了$(a_n)\to a$，根据定义，必然存在$N\in\mathbb{N}$使得$\forall n>N$，$|a_n-a|$小于$\varepsilon/2$。证明中用N_1指称这个数。

- 为什么N值被分为N_1和N_2？

因为它们可能不同；让$|a_n-a|<\varepsilon/2$的N值可能不等于让$|b_n-b|<\varepsilon/2$的N值。记为N_1和N_2是表示它们不同的一种标准方式。

- 为什么选择N_1和N_2中的最大值？

通过选取$N=\max\{N_1, N_2\}$，只要$n>N$就能同时满足$n>N_1$和$n>N_2$。所以只要$n>N$，$|a_n-a|<\varepsilon/2$和$|b_n-b|<\varepsilon/2$就同时成立，这正是我们想要的。

这个问答列表包含了许多在分析课程中反复出现的推理技巧。你在许多证明中都会看到对ε值的巧妙选择，或者使用三角不等式分解表达式。这本书只给出了几个定理的细节，所以看不到很多。但是要留意这些技巧——在我的课堂上，同学们经常告诉我，一旦识别出这些模式，事情就变得容易得多。

尤其要注意在其他关于序列的组合的定理和证明中出现的类似技巧。例如，**乘积法则**：若$(a_n)\to a$和$(b_n)\to b$，则$(a_nb_n)\to ab$。你回想起了什么吗？第1章的范例就是这个定理。它的证明更复杂一些，而且用到了两个新技巧：加减相同的东西以简化表达式分解，以及将分母加 1 以确保分子不会被 0 除。了解这些后，你现在应该能回到第 1 章研读它了。

5.11 趋向无穷的序列

数学分析除了研究收敛于有限极限的序列，还研究趋向无穷大的序列。你认为一个序列趋向无穷大意味着什么？下面是定义，包括非形式化描述和图。请认真阅读所有内容，并思考如何向别人解释这个定义，可以参考 5.5 和 5.6 节。

定义：[①] **(a_n)趋向无穷大**当且仅当

$\forall C>0$，	$\exists N\in\mathbb{N}$	使得	$\forall n>N$，	$a_n>C$。
无论 C 有多大	序列中都存在一个点	使得	在那一点之后	所有项都大于 C。

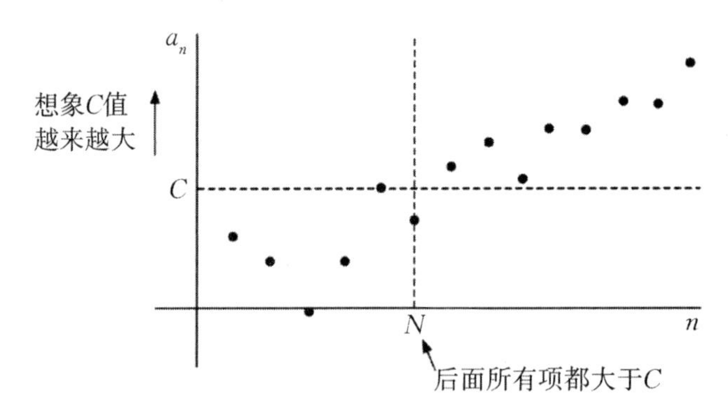

同收敛一样，趋向无穷大也有几种标记法：

$(a_n)\to\infty$ “(a_n)趋向无穷大”

① 这个定义有多种写法。例如，以“$\forall C\in\mathbb{R}$”开头。但是有些人(包括我)用“$\forall C>0$”，因为这样能使一些证明更简洁。请思考一下为什么两种写法都可以。

当 $n\to\infty$，$a_n\to\infty$　　　　“当 n 趋向无穷大，a_n 趋向无穷大”

$\lim\limits_{n\to\infty} a_n=\infty$　　　　“n 趋向无穷大时，a_n 的极限为无穷大”

最后一种标记法不太常见。有些人认为不应该使用它，因为∞不是一个数，所以说某个东西等于它是没有意义的。然而，这样写极限有时候很方便。只是要警惕阅卷老师可能对这类事情较真。

这里暂停一下，先澄清趋向无穷大的概念与两种不同的表现形式之间的关系。例如，两个趋向无穷大的序列如下：

$$(2^n)=2, 4, 8, 16, 32, \cdots; (3n-1)=2, 5, 8, 11, 14, \cdots。$$

这是很显然的，两者都会变得想要多大就有多大。不过该如何证明这一点呢？对于任意的 C 值，什么样的 C 能确保 $\forall n>N$，$a_n>C$？

下面是一个不趋向无穷大的序列：

$$\frac{1}{n}=1, \frac{1}{2}, \frac{1}{3}, \frac{1}{4}, \frac{1}{5}, \cdots$$

很显然这个序列趋于 0。然而，有些人看着下面的图会感到困惑。他们看见这些项无限向右延伸，产生了$\frac{1}{n}$趋向无穷大的错觉。

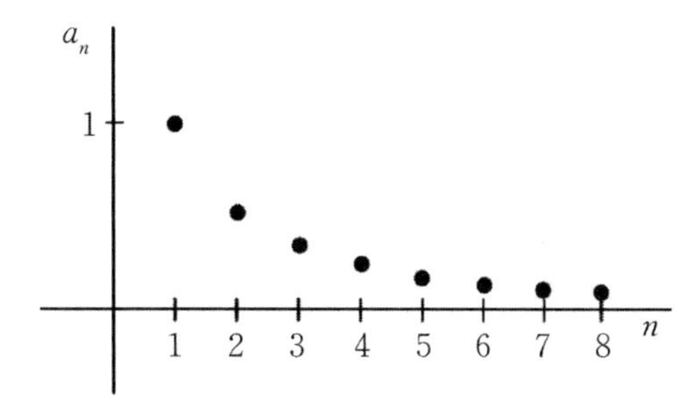

这肯定是错的，否则所有序列都趋向无穷大(它们都无限向右延伸)。为了避免这种错觉，请想一想坐标轴代表的是什么。我们讨论的是 a_n 是否趋向无穷大，而代表 a_n 的是纵轴。

将趋向无穷大的序列组合起来，会产生一些有趣的问题。例如，下面这两个序列都趋向无穷大：

$$(n^2)=1,\ 4,\ 9,\ 16,\ 25,\ \cdots;\ (2^n)=2,\ 4,\ 8,\ 16,\ 32,\ \cdots。$$

那这个呢?

$$\left(\frac{n^2}{2^n}\right)=\frac{1}{2},\ \frac{4}{4},\ \frac{9}{8},\ \frac{16}{16},\ \frac{25}{32},\ \cdots$$

在这个序列中，分子趋向无穷大，但分母也趋向无穷大。它们中是否有一个会“赢”，压制另一个，从而使得序列趋向 0 或无穷大? 它们会不会相互“制衡”，以至于序列收敛到 1 或者 2? 从列出的前几项来看，这个看法似乎有些道理，但是如果你读过 2.9 节，并且对数学的呈现方式保持警惕，你可能已经意识到了会发生什么。如果还没有读就先读一下，然后尝试写出更多项。

对于这类情况，可以通过思考分子和分母的结构来获得更好的洞察。例如，考虑序列

$$\left(\frac{6^n}{n!}\right)=\frac{6}{1},\ \frac{36}{2},\ \frac{216}{6},\ \frac{1296}{24},\ \frac{7776}{120},\ \cdots$$

这个序列的分子似乎相当大，但实际上序列却趋于 0。通过考虑 n 的大值，同时将式子展开，也许就能看出原因：

$$\frac{6\times6\times\cdots\times6}{1\times2\times\cdots\times n}$$

如果 n 是，比如说，1000，那么分母的大多数乘数都比分子对应的 6 大得多。这种思考方式很直观；你的数学分析课可能会讲**比值判别法**，它提供了一种形式化证明此类事情的方法。以下是**比值判别法**的定理：

定理(**比值判别法**)：设序列 (a_n) 使得 $(a_{n+1}/a_n)\to l$，

1. 若 $-1<l<1$，则 $(a_n)\to0$。
2. 若 $l>1$，且 $\forall n\in\mathbb{N}$，$a_n>0$，则 $(a_n)\to\infty$。
3. 若 $l>1$，且 $\forall n\in\mathbb{N}$，$a_n<0$，则 $(a_n)\to-\infty$。
4. 若 $l<-1$，则序列既不收敛也不趋向 $\pm\infty$。
5. 若 $l=1$，我们无法得出结论。

为什么这被称为比值判别法？你能不能用它来证明序列 $\left(\frac{n^2}{2^n}\right)$ 和 $\left(\frac{6^n}{n!}\right)$ 趋于 0(提示：a_{n+1}/a_n 的比值趋于多少)？为什么比值判别法应用于序列可以如此简洁？你能构造出具有其他比值极限的序列，从而得出不同的结论吗？为什么这个定理成立？我不会在这里证明比值判别法(不过在 6.6 节有关于级数的类似结果)。但是它的证明依赖于其他定理，因此是理论构建的很好例子——请在你的课程中了解它。

结束这一节之前，再探讨一下这个定理：

定理：若 $(a_n)\to\infty$，则 $\left(\frac{1}{a_n}\right)\to0$。

这个定理在你的课程中也可能会证明。它的逆定理成立吗?

这个问题使我们班上 200 名同学分成了两派：大约一半说是，一半说否，甚至在经过一些讨论和重新思考后依然如此。所以，在继续之前仔细想想是否忽略了什么。

答案是逆定理不成立。**一些**趋于 0 的序列，倒数趋向无穷大。例如：

$$\left(\frac{1}{n}\right)\to 0,\quad \left(\frac{1}{\frac{1}{n}}\right)=(n)\to\infty。$$

但并非所有趋于 0 的序列都是这样。例如：

$$\left(\frac{-1}{n}\right)\to 0，但\left(\frac{1}{\frac{-1}{n}}\right)=(-n)\to-\infty。$$

还有更糟糕的：

$$\left(\frac{(-1)^n}{n}\right)\to 0，但\left(\frac{1}{\frac{(-1)^n}{n}}\right)=((-1)^n n)=-1，2，-3，4，-5，6\cdots，$$

这个序列没有极限。

如果你错了也不用担心。人们常常只考虑正数，忘记了负数可能会带来不同的结果(不过你应该从中吸取教训，对类似的问题更警惕)。如果你的老师讲课风格灵活，你会遇到更多这样的陷阱——数学分析中许多定理都有似是而非的逆定理，很便于出题。在学习过程中不应害怕犯错。我上课时从不苛责学生犯错，只在乎他们有没有认真思考，有没有通过错误巩固和加深自己的认识。

5.12 前瞻

前面只是大致展示了数学分析课中关于序列的内容。例如 5.4 节中列出的可能的定理就有很多没讲，而典型的数学分析课会讲解其中所有真定理的证明。课程中还会讲解许多“标准”序列，如(x^n)、$(x^{\frac{1}{n}})$和(n^α)。当 n 趋向无穷大时，它们有极限吗？会不会 x 和 α 取不同的值，答案也会不同？

还有很多一般性定理可以利用收敛定义直接证明。常见的例如，证明极限必须唯一，即一个序列不能趋向多个极限。这个结论和这一章其他许多结论一样，都很直观，但你应该关注的是如何给出形式化证明。你可能还会看到如下定理的证明：

定理(夹逼准则)：

设$(a_n)\to a$ 和$(c_n)\to a$，且 $\forall n\in\mathbb{N}$，$a_n\leqslant b_n\leqslant c_n$，则$(b_n)\to a$。

如果你已经理解了收敛的定义，并且愿意画一些图和做一些代数，现在就可以动手证明。你能不能为趋向无穷大的序列也发明类似的**比值判别法**？有了准则和判别法，再结合一些标准序列的知识，就可以辨析更多序列趋向极限时的行为。

许多课程还会讲**柯西序列**，其定义如下：

定义：(a_n)是柯西序列当且仅当

$$\forall \varepsilon>0,\ \exists N\in\mathbb{N} \text{ 使得 } \forall n,\ m>N,\ |a_n-a_m|<\varepsilon。$$

收敛的定义是序列的项趋近一个极限，柯西序列的定义是序列项相互接近。你认为柯西序列必定收敛吗？反过来呢？

最后，大多数课程讲完序列后接下来会讲级数。这是有原因的：序列收敛是级数理论的关键，下一章将对此进行解释。

6.
级数

这一章从几何级数开始，研究无穷项求和计算公式的适用条件；讨论了部分和以及级数收敛的标记法、图形表示和定义，并将其应用于调和级数；展示了一些让人惊讶的无穷级数，介绍了几种级数收敛判别法以及它们之间的关系；最后讨论了幂级数、泰勒级数及其与函数的关系。

6.1　什么是级数？

级数是无限求和，就像这样：

$$1+\frac{1}{3}+\frac{1}{9}+\frac{1}{27}+\frac{1}{81}+\cdots。$$

同以往一样，后面的省略号表示“继续(到永远)”。这个级数是公比为 1/3 的几何级数，你可能知道怎么求和，结果为$\frac{1}{1-\frac{1}{3}}=\frac{3}{2}$。

你可能知道无限求和的标准公式，但还是有必要确认一下这个公式是否适用——很多人只知道套公式，不思考背后的原因。对于这个级数，我们可以用数轴帮助思考：

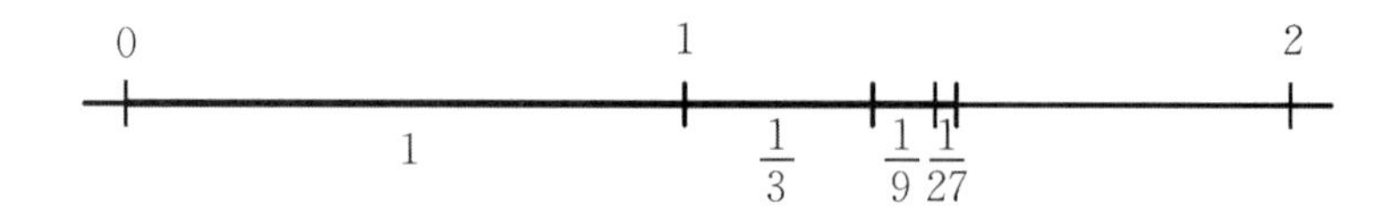

你应该能直观地看出求和结果大概就是 3/2。

你也可以通过下面这个论证，知道几何级数求和公式是如何推导的，($1+\frac{1}{3}+\frac{1}{9}+\frac{1}{27}+\frac{1}{81}+\cdots$重写为 $1+\frac{1}{3}+\frac{1}{3^2}+\frac{1}{3^3}+\frac{1}{3^4}+\cdots$，以便推导过程更容易理解)。

断言：$1+\frac{1}{3}+\frac{1}{3^2}+\frac{1}{3^3}+\frac{1}{3^4}+\cdots=\frac{3}{2}$。

证明：令 $S=1+\frac{1}{3}+\frac{1}{3^2}+\frac{1}{3^3}+\frac{1}{3^4}+\cdots$，

则$\frac{1}{3}S=\frac{1}{3}+\frac{1}{3^2}+\frac{1}{3^3}+\frac{1}{3^4}+\cdots$，

因此 $S-\frac{1}{3}S=1$，

即$\left(1-\frac{1}{3}\right)S=1$，

因此 $S=\frac{1}{1-\frac{1}{3}}=\frac{3}{2}$。

这个论证很有意思。它首先给结果赋予一个代称 S，然后与公比相乘，优雅地利用级数有无穷多项这一点，使 S 成为等式中的未知数。很容易将其一般化：设几何级数第一项为 a，公比为 r，就可以用相同的推理论证更一般的定理。

定理：$a+ar+ar^2+ar^3+ar^4+\cdots=\frac{a}{1-r}$。

证明：令 $S=a+ar+ar^2+ar^3+ar^4+\cdots$，

则 $rS=ar+ar^2+ar^3+ar^4+\cdots$，

因此 $S-rS=a$，

即$(1-r)S=a$。

因此 $S=\frac{a}{1-r}$。

数学有一个好处是，一旦成立就始终成立。

是这样吗？

如果第一项是 1，公比为 3，那么根据公式可得

$$1+3+9+27+81+\cdots=\frac{1}{1-3}=\frac{1}{-2}=-\frac{1}{2}。$$

这显然很荒谬。无限求和 $1+3+9+27+81+\cdots$与$-\frac{1}{2}$相差甚远。这个级数求和不是一个有限的数，更不用说负数了。

如果公比为-1 呢？根据公式有

$$1-1+1-1+1-\cdots=\frac{1}{1-(-1)}=\frac{1}{2}。$$

但事实上，这个级数求和是没有结果的——和一直在 1 和 0 之间交替。说和等于 1/2 没有意义。

因此，这个公式并不总是成立，远非如此。

同学们在刚开始学习高等数学时往往意识不到这个问题，因为初等数学一般只讲可以用标准方法解决的问题。你可能也“知道”这个公式只

在$|r|<1$时适用，有些题目的条件就是这样给的。它并不适用于所有公比，明确这一点并不难。但这凸显了一个有趣的问题和值得注意的一点。

有趣的问题是，证明在哪里出了错？它似乎应该适用于所有公比，但事实并非如此。证明中一定有什么隐藏的假设并不必然成立，你知道是什么假设吗？问题出在我们执行减法$S-rS$的地方。注意，如果$ar+ar^2+ar^3+ar^4+\cdots=C$，则$S-rS=a+C-C$。这似乎应该等于$a$，事实上，如果$C$是一个有限数，那它的确等于$a$。但如果$C$是无穷大，我们得到的就是“$a+\infty-\infty$”，这不是一个有意义的表达式，因为“$\infty-\infty$”没有意义。例如，考虑从自然数的个数中减去平方数的个数(我们的直觉认为答案是$+\infty$)，以及从自然数的个数中减去整数的个数(我们的直觉认为答案是$-\infty$)。在这种情况下，减法的定义不明确。关于有限对象的知识不一定能推广到无限对象，这一章的大部分内容就是讨论无限级数的数学与有限和的数学的不同之处。

值得注意的一点是，高等数学的目的与其说是为了计算出某个答案，不如说是为了明确一个结论或公式在什么条件下成立。就几何级数来说，我们可能会问，怎样的a和r值能让求和公式成立，即

$$a+ar+ar^2+ar^3+\cdots=\frac{a}{1-r}?$$

这类问题普遍存在于级数的数学中，典型的数学分析课程会建立各种判别标准，以解决级数涉及的一个普遍问题：

加起来是一个有限的数吗？

6.4 节将解决几何级数的这个问题，之后会介绍一些有用的判别法。但在此之前，我们还要学习一些基础知识。

6.2 级数的标记法

级数在概念上并不难，但是它的标记法有点复杂。这使得一些同学在考试中对与级数有关的题目望而生畏，而其实这些题往往是最容易的。你不会想放弃简单的考题，所以掌握标记法很有必要。

许多读者可能知道级数可以用“西格玛标记法”表示，之所以这样称呼是因为它用了代表求和的大写希腊字母“$\sum$（sigma）”。具体写法是：

$$\sum_{n=1}^{\infty}\frac{1}{3^{n-1}} \qquad \text{“对 1/3 的}(n-1)\text{次幂求和，}n\text{ 从 1 到无穷大。”}$$

为了展开这个标记法，我们每次取一个 n 值得到一项，并将所有项相加。这样就得到了级数的另一种表示法：

$$\sum_{n=1}^{\infty}\frac{1}{3^{n-1}}=\frac{1}{3^{1-1}}+\frac{1}{3^{2-1}}+\frac{1}{3^{3-1}}+\cdots=1+\frac{1}{3}+\frac{1}{3^2}+\cdots。$$

西格玛标记法看上去很复杂，但有一些明显的优点。首先，它给出了级数项的一般表达式，有助于我们看清结构。对于简单的几何级数，表达式提供的信息可能不多，但是对于像下面这样更复杂的级数，效果就很明显：

$$\frac{1}{2}+1+\frac{9}{8}+1+\frac{25}{32}+\frac{18}{32}+\frac{49}{128}+\cdots=\sum_{n=1}^{\infty}\frac{n^2}{2^n}。$$

其次，通过改变 n 的上下界，我们可以表示从不同位置开始的级数：

$$\sum_{n=5}^{\infty}\frac{n^2}{2^n}=\frac{5^2}{2^5}+\frac{6^2}{2^6}+\frac{7^2}{2^7}+\cdots;$$

或者表示有限项求和：

$$\sum_{n=1}^{5}\frac{n^2}{2^n}=\frac{1^2}{2^1}+\frac{2^2}{2^2}+\frac{3^2}{2^3}+\frac{4^2}{2^4}+\frac{5^2}{2^5}。$$

当然，有限项的和不是级数，如果本来就只有两三项，这样表示作用不大。但是，如果有十来项，这样表示就会很方便：

$$\frac{1}{1!}+\frac{1}{2!}+\frac{1}{3!}+\frac{1}{4!}+\frac{1}{5!}+\frac{1}{6!}+\frac{1}{7!}+\frac{1}{8!}+\frac{1}{9!}+\frac{1}{10!}=\sum_{n=1}^{10}\frac{1}{n!}。$$

如果要考虑很多相关的求和，这样表示也很方便，比如：

令

$$s_n=\sum_{i=1}^{n}\frac{1}{i},$$

则

$$s_1=\sum_{i=1}^{1}\frac{1}{i}=\frac{1}{1},$$

$$s_2=\sum_{i=1}^{2}\frac{1}{i}=\frac{1}{1}+\frac{1}{2},$$

$$s_3=\sum_{i=1}^{3}\frac{1}{i}=\frac{1}{1}+\frac{1}{2}+\frac{1}{3}，等等，$$

一般表达式为

$$s_n=\sum_{i=1}^{n}\frac{1}{i}=\frac{1}{1}+\frac{1}{2}+\frac{1}{3}+\cdots+\frac{1}{n}。$$

注意，这里使用了两个变量。一个是 i，索引变量：在每一项中，我们将其替换为相应的数。另一个是 n，停止变量。前面我们一直用 n 作为索引变量。这没什么问题，因为它只是一个代号，我们可以使用任何我们喜欢的字母或符号。但是，在处理级数时，有时会同时用到这两个变量，因此要能够区分它们。当我需要同时用这两个变量时，会用 i 索引，用 n 停止。我还会用标准表示法 $\sum a_n$（没有具体界限）表示无穷级数 $a_1+a_2+a_3+\cdots$，因为我们主要对无穷级数感兴趣。

西格玛标记法的优点在于紧凑，但紧凑的符号会隐藏意义，所以同学们有时会发现西格玛标记式很难理清头绪。遇到这种情况时，我的处理原则是：

如果有疑问，就展开。

我知道这听起来有点无趣，但很管用。如果你遇到了用西格玛标记法表示的级数，写出前面几项通常会让你更好地理解你在处理什么。

6.3 部分和与收敛

前面曾提到，关于级数的一个普遍问题是：

这加起来是一个有限的数吗?

我们已经看到一个例子是，一个例子不是，因为它的和为无穷大，还有一个例子也不是，因为它的和根本没有意义：

$$\sum_{n=1}^{\infty}\frac{1}{3^{n-1}} \qquad \sum_{n=1}^{\infty}3^n \qquad \sum_{n=1}^{\infty}(-1)^{n-1}$$

我们也看到了一些答案不那么明显的例子。例如，上一节中的这个级数

$$\sum_{n=1}^{\infty}\frac{n^2}{2^n}=\frac{1^2}{2^1}+\frac{2^2}{2^2}+\frac{3^2}{2^3}+\frac{4^2}{2^4}+\frac{5^2}{2^5}+\cdots$$

这个级数只有正项，所以它的和要么是无穷大，要么是有限的正数。你认为是哪一个？6.6 节将给出答案，但在此之前，我希望能让你认识到这个问题的潜在复杂性。为此，我们需要引入一些标记法、**部分和**的概念以及图形表示。

为了一般性地讨论级数，我将使用标记

$$\sum_{n=1}^{\infty}a_n=a_1+a_2+a_3+a_4+\cdots。$$

在此有必要明确序列与级数之间的区别。在数学中，序列是无穷**列表**

$$(a_n)=a_1,\ a_2,\ a_3,\ a_4,\ a_5,\ a_6,\ \cdots,$$

而级数是无限**求和**

$$\sum_{n=1}^{\infty}a_n=a_1+a_2+a_3+a_4+a_5+a_6+\cdots。$$

显然，两者不是一回事，所以正确区分很重要。这一点在这里尤其重要，因为我们将研究级数的**部分和**序列。

定义：级数 $\sum_{n=1}^{\infty}a_n$ 的前 n 项部分和是 $s_n=\sum_{i=1}^{n}a_i$ 。

也就是说

$$s_1=\sum_{i=1}^{1}a_i=a_1,$$

$$s_2=\sum_{i=1}^{2}a_i=a_1+a_2,$$

$$s_3=\sum_{i=1}^{3}a_i=a_1+a_2+a_3,$$

一般表达式为

$$s_n=\sum_{i=1}^{n}a_i=a_1+a_2+a_3+\cdots+a_n\text{。}$$

你知道为什么这些被称为部分和吗？这个问题不是陷阱——我只是希望你思考一下，这样你就不用不明其意地背诵这个定义。你明白了为什么正确使用语言很重要吗？部分和可以构成一个序列(s_n)，因此每个级数都对应一个序列，知道标记指的是哪个非常重要。

用横轴表示 n，纵轴表示 s_n，画成图更容易明白这个关联。下面将一个级数的前面几项部分和画成了图。同序列一样，图中用的是点而不是曲线，因为 s_n 只在 n 为自然数时存在。

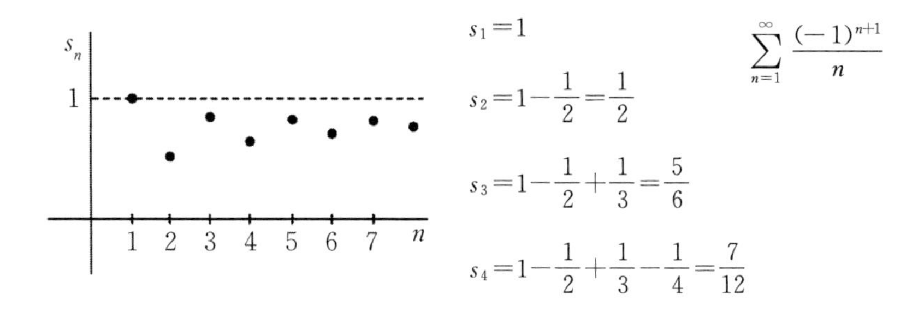

s_n
1
1 2 3 4 5 6 7 n
$s_1=1$
$s_2=1-\frac{1}{2}=\frac{1}{2}$
$s_3=1-\frac{1}{2}+\frac{1}{3}=\frac{5}{6}$
$s_4=1-\frac{1}{2}+\frac{1}{3}-\frac{1}{4}=\frac{7}{12}$
$\sum_{n=1}^{\infty}\frac{(-1)^{n+1}}{n}$

请注意，a_n 在图中并没有明确画出来，虽然我们可以将 s_{n-1} 与 s_n 的高度差视为 a_n。还要注意的是，级数具有有限的和，当且仅当序列(s_n)收敛到一个极限——看看这个图，想想为什么。这导致了下面的定义。

定义：$\sum_{i=1}^{\infty}a_i$ **收敛**当且仅当(s_n)收敛，其中 $s_n=\sum_{i=1}^{n}a_i$。

这里的表述有点奇怪，因为我们真正感兴趣的是级数加起来是否是一个有限的数。但是，由于级数是无穷项求和，我们通过部分和序列来处理这个问题。这样我们就可以用收敛性来描述级数。很明显，这需要根据部分和给出形式化定义，但这里先给出概念要点：

- 如果一个级数加起来是一个有限数，我们就说这个级数收敛；
- 如果级数不收敛，我们就说它发散。

6.4 几何级数

部分和可以把关于级数的问题转化为关于序列的问题。有了这个工具，我们就能够对先前几何级数求和的问题给出明确答案：

a 和 r 取什么值时，这个公式能成立：$a+ar+ar^2+ar^3+\cdots=\frac{a}{1-r}$？

有了部分和，我们就能把已有的论证应用于部分和 s_n，它是有限的，所以不会遇到和为无穷大或无意义的问题。然后我们可以问，当 n 趋向于无穷大时，s_n 会发生什么变化，从而把关于无穷和的问题转化成了关于有限和和极限的问题。下面的定理和证明对此给出了完整的论证。

定理：$a+ar+ar^2+ar^3+ar^4+\cdots=\frac{a}{1-r}$ 当且仅当 $|r|<1$。

证明：令 $s_n=a+ar+ar^2+\cdots+ar^{n-1}$。

则 $rs_n=ar+ar^2+\cdots+ar^{n-1}+ar^n$，

因此 $s_n-rs_n=a-ar^n$，

即 $(1-r)s_n=a-ar^n$。

因此 $s_n=\dfrac{a(1-r^n)}{1-r}$。

(r^n)收敛当且仅当$|r|<1$。

因此(s_n)收敛当且仅当$|r|<1$.

在这种条件下，$(r^n)\to 0$，因此$(s_n)\to\dfrac{a}{1-r}$。

问题解决了，研究一下某些级数求和的图形表示也是很有趣的事情。例如，假设下图中整个正方形的面积是 1。最大的黑色方块面积是多少？第二大的呢？从图中能否看出和是多少？

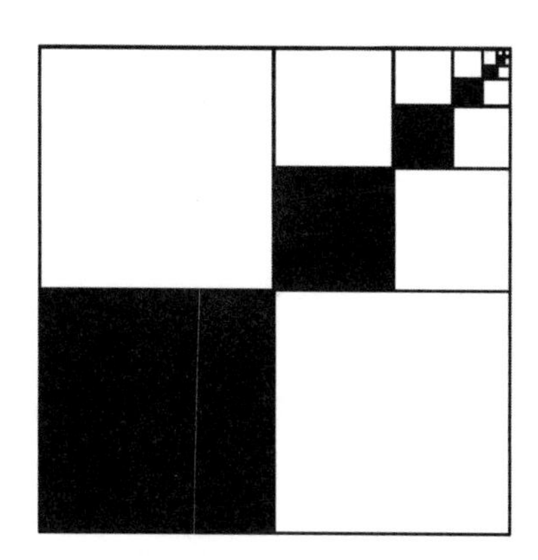

$$\frac{1}{4}+\frac{1}{4^2}+\frac{1}{4^3}+\frac{1}{4^4}+\cdots=\frac{1}{3}$$

另一幅图是**科赫雪花**，你可能见过这个图，它是迭代构建的，取一个正三角形，在每条边各添加一个小三角形，构成一个六角星，然后添加更小的三角形，不断迭代。如果原三角形的面积是 1，六角星的面积是多少？下一步迭代的面积又是多少？这个结构对应什么几何级数，它的总和(极限形状的面积)是多少？更怪异的是，周长是多少？

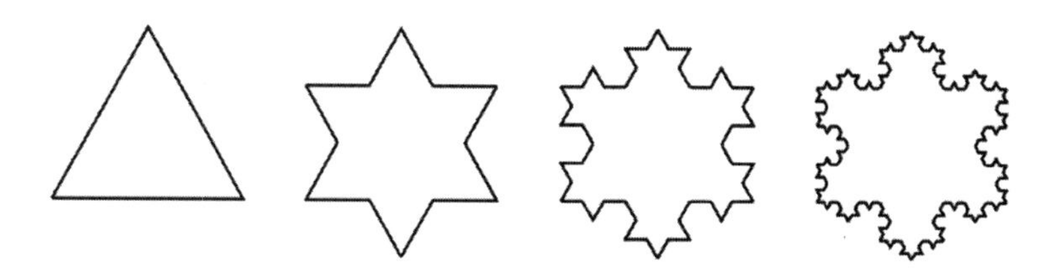

6.5　让人惊讶的例子

几何级数公式的证明利用了这样一个事实：仅当$|r|<1$时，序列(r^n)趋于0。如果要让一般级数$\sum a_n = a_1 + a_2 + a_3 + \cdots$收敛，很明显当$n$趋向无穷大时，$a_n$必须趋于0。这在下面的定理中得到了体现。

定理：若$\sum a_n$收敛，则$(a_n)\to 0$。

这个定理有时被称为**零序列判别法**，因为它的逆否命题[①]被用来判别非收敛性：

(逆否)若(a_n)不$\to 0$，则$\sum a_n$不收敛。

这个定理的逆是什么？

(逆)若$(a_n)\to 0$，则$\sum a_n$收敛。

许多人天真地认为这是真的，即使他们意识到了条件命题与其逆命题不是一回事(见2.10节)。很容易直观地认为，如果项趋于0，级数一定有有限和，这是很自然的。但事实上这并不正确，下面的反例证实了这一点。当我第一次看到它时，它就引起了我的注意——部分是因为结果让我惊讶，部分是因为论证是如此优雅和令人信服。

考虑**调和级数**

---

① 条件命题"如果A则B"的逆否命题是"如果非B则非A。"如果条件命题为真，则它的逆否命题肯定为真。

$$\sum_{n=1}^{\infty}\frac{1}{n}=1+\frac{1}{2}+\frac{1}{3}+\frac{1}{4}+\frac{1}{5}+\frac{1}{6}+\cdots,$$

下面给出了前面几个部分和以及图：

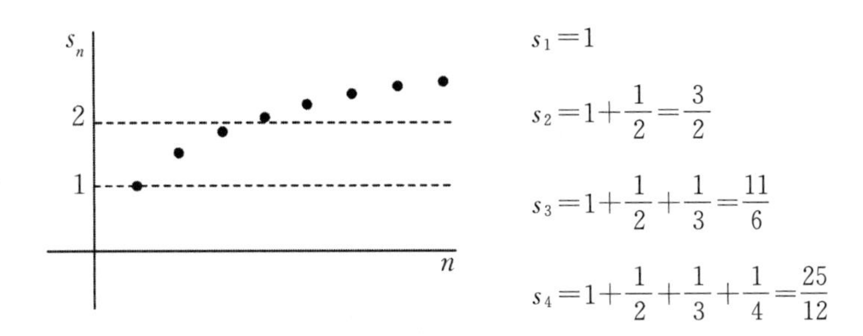

$$s_1=1$$

$$s_2=1+\frac{1}{2}=\frac{3}{2}$$

$$s_3=1+\frac{1}{2}+\frac{1}{3}=\frac{11}{6}$$

$$s_4=1+\frac{1}{2}+\frac{1}{3}+\frac{1}{4}=\frac{25}{12}$$

第一次看到这些信息，大多数人都会得出这样的结论：这个级数有有限和，在 3 到 5 之间，也可能到了没画出来的 10。但这是错误的。和是无穷大的，我们可以证明如下。

级数的第 1 项是 1，大于$\frac{1}{2}$；第 2 项等于$\frac{1}{2}$；第 3 项小于$\frac{1}{2}$，但接下来的两项相加是：$\frac{1}{3}+\frac{1}{4}>\frac{2}{4}=\frac{1}{2}$；再接下来的 4 项，$\frac{1}{5}+\frac{1}{6}+\frac{1}{7}+\frac{1}{8}>\frac{4}{8}=\frac{1}{2}$；接下来的 8 项，接下来的 16 项，再接下来的 32 项，相加都会大于 1/2，以此类推。因为我们可以不断地加出更多的$\frac{1}{2}$，所以整个和是无穷大。

这个论证可以表述如下：

$$1+\frac{1}{2}+\underbrace{\frac{1}{3}+\frac{1}{4}}_{>\frac{1}{2}}+\underbrace{\frac{1}{5}+\frac{1}{6}+\frac{1}{7}+\frac{1}{8}}_{>\frac{1}{2}}+\underbrace{\frac{1}{9}+\frac{1}{10}+\frac{1}{11}+\frac{1}{12}+\frac{1}{13}+\frac{1}{14}+\frac{1}{15}+\frac{1}{16}}_{>\frac{1}{2}}+\cdots$$

为了使它形式化，老师或教科书可能会给出这样的表述：

$$\forall n \in \mathbb{N},\ s_{2^n} > \frac{n+1}{2}。$$

你知道为什么这个成立吗？试一下“如果有疑问，就展开”的处理原则，在不等式中代入几个 n 值：

$$s_{2^1}=s_2>\frac{1+1}{2}=2\times\frac{1}{2} \qquad 因为 \qquad s_2=1+\frac{1}{2}$$

$$s_{2^2}=s_4>\frac{2+1}{2}=3\times\frac{1}{2} \qquad 因为 \qquad s_4=1+\frac{1}{2}+\underbrace{\frac{1}{3}+\frac{1}{4}}_{>\frac{1}{2}}$$

$$s_{2^3}=s_8>\frac{3+1}{2}=4\times\frac{1}{2} \qquad 因为 \qquad s_8=1+\frac{1}{2}+\underbrace{\frac{1}{3}+\frac{1}{4}}_{>\frac{1}{2}}+\underbrace{\frac{1}{5}+\frac{1}{6}+\frac{1}{7}+\frac{1}{8}}_{>\frac{1}{2}}$$

这使我确信这种说法是正确的。既然成立，我们就可以观察到，因为序列$\left(\frac{n+1}{2}\right)$趋向无穷大，序列$(s_n)$也必然趋向无穷大。还要补充一些细节，因为 s_{2^n} 只是(s_n)的子序列，但论证的要点已经有了，你可能会在数学分析课程中找到细节。

调和级数的发散提醒我们，基于图或有限情形的直觉推广到无限情形时必须非常谨慎(现在你可以想象一下，横轴为 n，纵轴为 s_n 的图前 100 万项是什么样子)。它也应该能帮助你认识到无穷大**真的**很大。调和级数的项很小，而且还在不断变小，但是它们的数量太多了，加在一起是无穷大。最后，它强调了这样一个事实，即表面上相似的级数，性质可能截然不同：

$$\left(\frac{1}{2^n}\right)\to 0,\ \sum_{n=1}^{\infty}\frac{1}{2^n}\ 收敛，$$

但是

$$\left(\frac{1}{n}\right)\to 0,\ \sum_{n=1}^{\infty}\frac{1}{n}\text{ 发散。}$$

你可能会想知道其他级数怎么样，例如

$$\left(\frac{1}{n^2}\right)\to 0,\ \sum_{n=1}^{\infty}\frac{1}{n^2}\text{ 呢？}$$

一方面，这个级数有点像 $\sum\frac{1}{n}$，所以它可能会发散。另一方面，它的项变小得更快，所以它可能会收敛。我把这个留作悬念。

6.6 收敛性判别

任何数学分析课程都会确立一些“标准”级数的收敛性或发散性，例如之前讨论的那些级数。它还会介绍和证明许多收敛性判别法，这些判别法可以应用于更复杂的级数。我在这里不会给出许多证明，但会给出几个判别法，以提醒大家注意它们之间的一些关联。例如：

定理（级数移位判别法）：

设 $N\in\mathbb{N}$，则 $\sum a_n$ 收敛当且仅当 $\sum a_{N+n}$ 收敛。

你能看出来为什么叫移位判别法吗？比如说，如果 $N=10$，那就意味着 $a_1+a_2+a_3+\cdots$收敛当且仅当 $a_{11}+a_{12}+a_{13}+\cdots$收敛。这并不意味着它们会收敛到同一个数——显然，从前面截去 10 项会使这个级数的求和结果不同，但这不会让收敛级数变为发散（反之亦然）。想想为什么。

下面是另一个判别法：

定理（级数比较判别法）：

设$\forall n\in\mathbb{N}$，$0\leqslant a_n\leqslant b_n$，则

1. 若$\sum b_n$收敛，则$\sum a_n$收敛；

2. 若$\sum a_n$发散，则$\sum b_n$发散。

我在6.4节中引用了两次，这个在直观上很自然，你可能都没注意到。我是在哪里引用的？还有一些相关的比较判别法，例如：

定理（极限比较判别法）：

设$\forall n\in\mathbb{N}$，a_n，$b_n>0$且$\left(\frac{a_n}{b_n}\right)\to l\neq 0$，则$\sum a_n$收敛当且仅当$\sum b_n$收敛。

对于一些复杂的级数，极限比较判别法可以通过将其与“相似”的简单级数比较来判别收敛性。例如，若

$$a_n=\frac{n^2+6}{3n^3-4n},$$

则$\sum a_n$发散，因为$\sum b_n=1/n$发散，并且随着$n\to\infty$，

$$\frac{a_n}{b_n}=\frac{\dfrac{n^2+6}{3n^3-4n}}{\dfrac{1}{n}}=\frac{1+\dfrac{6}{n^2}}{3-\dfrac{4}{n^2}}\to\frac{1}{3}。$$

请确定自己明白这是如何在使用判别法。

极限比较判别法使用两个不同级数相应项的比值，而级数比值判别法则是使用同一级数相邻项的比值：

定理(**级数比值判别法**)：

设 $\forall n \in \mathbb{N}$，$a_n > 0$ 并且随着 $n \to \infty$，$(a_{n+1}/a_n) \to l$。则：

1. 若 $l<1$，则 $\sum a_n$ 收敛；

2. 若 $l>1$(包括 $l=\infty$)，则 $\sum a_n$ 发散。

我们来做两件事：将这个判别法应用于具体的级数，然后研读其证明。我们将它应用于6.3节介绍的这个级数中。你认为它是收敛还是发散?

$$\sum_{n=1}^{\infty} \frac{n^2}{2^n} = \frac{1^2}{2^1} + \frac{2^2}{2^2} + \frac{3^2}{2^3} + \frac{4^2}{2^4} + \frac{5^2}{2^5} + \cdots$$

要应用比值判别法，我们需要考虑 a_{n+1}/a_n。这个级数的相邻项相除时，有一部分可以相消：

$$\frac{a_{n+1}}{a_n} = \frac{(n+1)^2}{2^{n+1}} \cdot \frac{2^n}{n^2} = \frac{1}{2}\left(\frac{n+1}{n}\right)^2 = \frac{1}{2}\left(1+\frac{1}{n}\right)^2。$$

而随着 $n \to \infty$，$\left(1+\frac{1}{n}\right)^2 \to 1$，因此$\frac{1}{2}\left(1+\frac{1}{n}\right)^2 \to \frac{1}{2}$，也就是说极限 $l<1$，因此根据比值判别法，这个级数收敛。这就是比值判别法的应用方式。但是人们有时会感到困惑，我认为这是因为他通过级数项的比值序列的极限来推断级数的性质，这个推理链条有点复杂。请参照上面的例子，尝试应用比值判别法推断下面这个级数是否收敛：

$$\sum_{n=1}^{\infty}\frac{2^n}{n!}=\frac{2^1}{1!}+\frac{2^2}{2!}+\frac{2^3}{3!}+\frac{2^4}{4!}+\frac{2^5}{5!}+\cdots。$$

这个例子中相邻项更容易相消。记住要用 a_{n+1}/a_n 而不是 a_n/a_{n+1}。为什么?

为了理解为什么比值判别法是对的，我们需要一个证明。下面再次给出这个判别法，并附上第 1 条的证明。我喜欢这个证明，因为它是理论构建的典范：它用到了序列(a_{n+1}/a_n)的收敛定义(见 5.5 和 5.6 节)、几何级数的收敛结论(6.4 节)以及比较判别法和移位判别法(本节)。它还巧妙地利用 $l<1$ 这一事实构造了一个小于 1 的数。这幅图将帮助你理解：

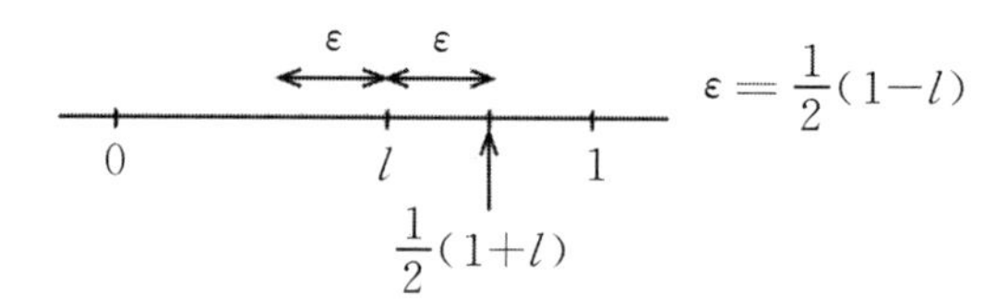

了解了这些之后，我们开始研读证明(不要忘记 3.5 节的自我解释练习)。

定理(级数比值判别法)：

设 $\forall n\in\mathbb{N}$，$a_n>0$ 并且随着 $n\to\infty$，$(a_{n+1}/a_n)\to l$。则：

1. 若 $l<1$，则 $\sum a_n$ 收敛。

2. 若 $l>1$(包括 $l=\infty$)，则 $\sum a_n$ 发散。

证明第 1 条：设 $\forall n\in\mathbb{N}$，$a_n>0$ 且$(a_{n+1}/a_n)\to l<1$，

然后利用$(a_{n+1}/a_n)\to l$ 的定义，并令定义中的 $\varepsilon=\frac{1}{2}(1-l)$，

$\exists N\in\mathbb{N}$ 使得 $\forall n>N$，

$$\left|\frac{a_{n+1}}{a_n}-l\right|<\frac{1}{2}(1-l)\Rightarrow\frac{a_{n+1}}{a_n}<l+\frac{1}{2}(1-l)=\frac{1}{2}(1+l)<1。$$

这意味着 $\forall n>N$，$a_{n+1}<\frac{1}{2}(1+l)a_n$。

据此可得

$$a_{N+2}<\frac{1}{2}(1+l)a_{N+1},$$

以及

$$a_{N+3}<\frac{1}{2}(1+l)a_{N+2}<\left(\frac{1}{2}(1+l)\right)^{2}a_{N+1}。$$

利用归纳法可得

$$\forall n\in\mathbb{N},\ a_{N+n}\leqslant\left(\frac{1}{2}(1+l)\right)^{n-1}a_{N+1}。$$

因此 $\sum\left(\frac{1}{2}(1+l)\right)^{n-1}a_{N+1}$ 收敛，因为它是公比小于 1 的几何级数。

因此根据级数比较判别法，$\sum a_{N+n}$ 收敛。

因此根据级数移位判别法，$\sum a_n$ 收敛。

同以往一样，我建议你想一想如何向别人解释这个证明。你在哪里卡住了吗？在笔记上记下你的问题，等上课时再听老师的解释。如果你没有卡住，你能基于这个论证来证明第 2 条吗？无论有没有问题，请将这些判别法应用于更多的例子。

6.7 交错级数

我们讨论过的大多数级数只有正项，不过我们还讨论过一个既有正项也有负项的级数：

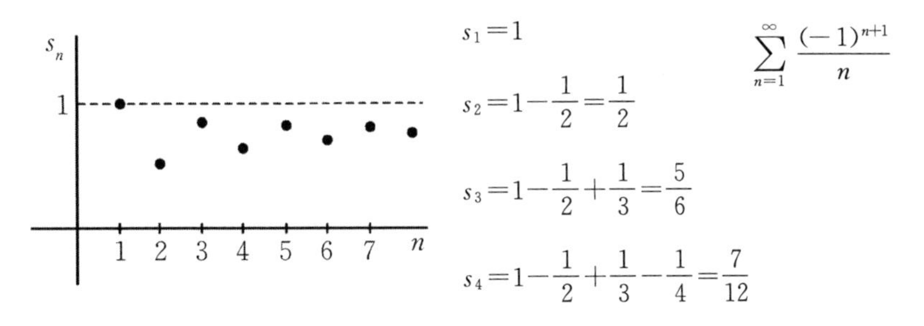

s_n
1
1 2 3 4 5 6 7 n
$s_1=1$
$s_2=1-\frac{1}{2}=\frac{1}{2}$
$s_3=1-\frac{1}{2}+\frac{1}{3}=\frac{5}{6}$
$s_4=1-\frac{1}{2}+\frac{1}{3}-\frac{1}{4}=\frac{7}{12}$
$\sum_{n=1}^{\infty}\frac{(-1)^{n+1}}{n}$

这个级数收敛，从图看很显然。事实上，它收敛于 ln 2。看起来合理吗？为了回答这个问题，我们需要 ln 2 的近似值，这时很多同学会略带尴尬地拿出计算器，因为他们知道他们应该能解决这个问题。我的做法是这样：$x=\ln 2 \Leftrightarrow e^x=2$，且 e 约等于 2.7，这意味着 x 必定比 1 小一点。图中看起来应该没错。

我不会证明这个级数收敛到 ln 2，因为这需要一些技巧。但是，通过观察以下 3 点，很容易证明它确实收敛：

- (s_n)的奇数项构成一个单调递减的子序列$(s_{2n-1})=s_1, s_3, s_5, \cdots$，这个子序列有下界，因此必定收敛；[①]
- (s_n)的偶数项构成一个单调递增的子序列$(s_{2n})=s_2, s_4, s_6, \cdots$，这个子序列有上界，因此也必定收敛；
- 由于$(1/n)\to 0$，这两个子序列的项会变得想要多近就有多近。

下面是这些观察结果的形式化证明。研读它能很好地帮助你思考部分和。如果对代数推导有疑问，可以将 s_{2n+1} 展开，代入具体的 n 值，然后再思考(例如，设 $n=3$，则 $s_7=1-\frac{1}{2}+\frac{1}{3}-\frac{1}{4}+\frac{1}{5}-\frac{1}{6}+\frac{1}{7}$)。

断言：$\sum \frac{(-1)^{n+1}}{n}$ 收敛。

证明：同以往一样，令 $s_n=\sum_{i=1}^{n}\frac{(-1)^{i+1}}{i}$。

则 $\forall n\in\mathbb{N}$，

$$s_{2n+1}-s_{2n-1}=-\frac{1}{2n}+\frac{1}{2n+1}<0,$$

① 5.4 节的一个可能定理是“所有有界单调序列都收敛”。这是正确的，并将在 10.5 节进一步讨论。

因此(s_{2n-1})单调递减，且

$$s_{2n+2}-s_{2n}=\frac{1}{2n+1}-\frac{1}{2n+2}>0,$$

因此(s_{2n})单调递增。

因此$\forall n\in\mathbb{N}$，$s_2\leqslant s_{2n}<s_{2n-1}\leqslant s_1$。

因此(s_{2n-1})和(s_{2n})都单调且有界，因此它们都收敛。

最后，设$\lim\limits_{n\to\infty}s_{2n-1}=s$。

则$\lim\limits_{n\to\infty}s_{2n}=\lim\limits_{n\to\infty}\left(s_{2n-1}-\frac{1}{2n}\right)=s-0=s$。

因此$(s_n)\to s$，级数收敛。

这样的级数被称为**交错级数**，因为它们是正项和负项交替出现。我们还在哪里看到过交错级数？根据性质，收敛型交错级数可以分为两类。对于一些收敛的交错级数，由项的绝对值组成的级数也收敛。例如，

$$\sum(-1)^n\left(\frac{3}{4}\right)^n \text{ 和 } \sum\left(\frac{3}{4}\right)^n \text{ 都收敛。}$$

对于另一些收敛的交错级数，由项的绝对值组成的级数是发散的。例如

$$\sum\frac{(-1)^n}{n} \text{ 收敛但 } \sum\left(\frac{1}{n}\right) \text{ 发散。}$$

这启发了下面两个定义：

定义：$\sum a_n$ **绝对收敛**当且仅当 $\sum|a_n|$ 收敛。

定义：$\sum a_n$ **条件收敛**当且仅当 $\sum a_n$ 收敛但 $\sum|a_n|$ 不收敛。

条件收敛级数有一个非常奇特的性质，下一节解释。

6.8 更让人惊讶的例子

考虑级数 $\sum a_n = 1 - 1 + \frac{1}{2} - \frac{1}{2} + \frac{1}{3} - \frac{1}{3} + \frac{1}{4} - \frac{1}{4} + \frac{1}{5} - \frac{1}{5} \cdots$ 。

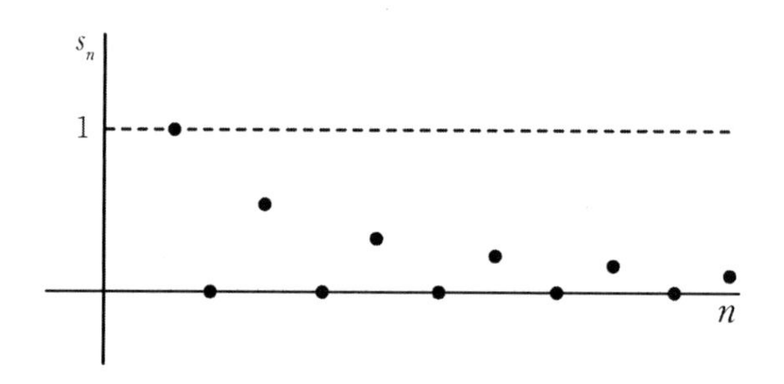

它收敛到 0(因为部分和序列(s_n)收敛到 0)。

再来考虑级数 $\sum b_n = 1 + \frac{1}{2} - 1 + \frac{1}{3} + \frac{1}{4} - \frac{1}{2} + \frac{1}{5} + \frac{1}{6} - \frac{1}{3} + \cdots$ 。

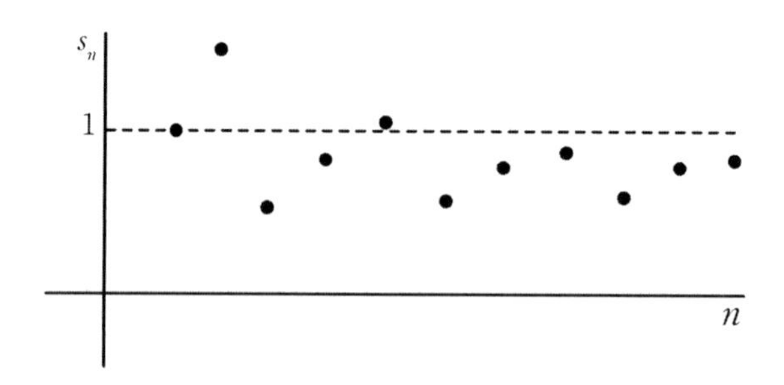

这个级数和 $\sum a_n$ 有相同的项，只是顺序不同。请确定自己看明白了是怎么回事。然后注意到，如果把这些项分成 3 个一组，就可以用一种更简单的方法重写 $\sum b_n$ ：

$$\sum b_n = \left(1 + \frac{1}{2} - 1\right) + \left(\frac{1}{3} + \frac{1}{4} - \frac{1}{2}\right) + \left(\frac{1}{5} + \frac{1}{6} - \frac{1}{3}\right) + \cdots$$

$$=\left(1-\frac{1}{2}\right)+\left(\frac{1}{3}-\frac{1}{4}\right)+\left(\frac{1}{5}-\frac{1}{6}\right)+\cdots,$$

这其实就是 6.7 节中的交错级数，加起来是 $\ln 2$。所以把相同的项按不同的顺序加起来，**会得到不同的和**。

这不是把戏，这是真的。这个级数的项以不同的顺序相加会得到不同的和。如果你以前不相信无穷和与有限和的性质不同，现在你应该相信了。

我认为这是数学分析课的入门阶段最奇怪、最违反直觉的结果，这也是我最喜欢讲授的话题。它让我着迷，因为它能帮助我们理解违反直觉的结果是如何产生的。有些同学不太喜欢，因为违反直觉的结果让他们怀疑自己的理解力，变得有点紧张。下面我会试着解释它，尽量让你不紧张，并能理解其精彩之处。

首先，不要惊慌。$3+5=5+3$ 仍然是正确的，而且顺序对任何有限和都无关紧要——以任何顺序相加一百万个数都会得到相同的和。这种特殊现象只有在无穷级数中才会发生。确切地说，只有条件收敛级数才会这样。你的数学分析课讲师可能会用详细的代数论证来解释为什么，但其实理解了条件收敛级数的一个重要特征就能掌握要领。

条件收敛级数的项趋于 0。这是肯定的，因为条件收敛级数收敛，所以它满足 6.5 节的零序列判别法。同时，正项加起来等于 $+\infty$，负项加起来等于 $-\infty$。你可以用本节的级数验证这一点，并且课程中可能还会要你证明。但是这意味着条件收敛有一个很令人惊讶的性质。假设 c 是一个任意的实数。因为条件收敛级数的正项加起来为 $+\infty$，我们可以将它们相加，顺序不变，直到和大于 c。然后，因为条件收敛级数的负项加起来等于 $-\infty$，我们可以再加负项，顺序不变，直到和小于 c。然后又可以加正项，直到和再次大于 c，如此继续。保持项的顺序意味着肯定会包含所有项，所以这个重新排列的级数包含了与原来的级数相同的项。项趋于 0 的事实意味着，这个过程产生了一个收敛于 c 的级数。这意味着我们可以重新排列一个条件收敛级数，使它相加得到我们想要的任何数。太棒了。

6.9 幂级数和函数

这一章的余下部分介绍幂级数，它在数学中用途广泛。在一些课程中，你将学习如何处理幂级数并将其应用于实际问题；在数学分析等课程中，你学习的幂级数知识更偏理论。我在这里的目的是让你理解什么是幂级数，如何使用前面讲过的技术来研究幂级数，以及幂级数与函数的关系。

定义 以 a 为中心的幂级数是如下形式的级数

$$\sum_{n=0}^{\infty} c_n(x-a)^n = c_0 + c_1(x-a) + c_2(x-a)^2 + c_3(x-a)^3 + \cdots ;$$

其中以 0 为中心的幂级数形式为

$$\sum_{n=0}^{\infty} c_n x^n = c_0 + c_1 x + c_2 x^2 + c_3 x^3 + \cdots 。$$

注意，所有项的形式都是 $c_n x^n$ 或 $c_n(x-a)^n$，其中 c_n 是系数；x 或$(x-a)$的幂赋予了它们幂级数的名称。还要注意，幂级数的项通常是从 $n=0$ 开始，这样就有常数项，我们希望如此，因为这样幂级数就像一个无穷多项式。

一个简单的幂级数是

$$\sum_{n=0}^{\infty} x^n = 1 + x + x^2 + x^3 + \cdots 。$$

这就是第一项为 1，公比为 x 的几何级数。如果你学过一些微积分，你可能也很熟悉下面这些幂级数(各自的系数 c_n 是多少?)：

$$1+x+\frac{x^2}{2!}+\frac{x^3}{3!}+\cdots;\ 1-\frac{x^2}{2!}+\frac{x^4}{4!}-\frac{x^6}{6!}+\cdots。$$

第一个是函数 $f(x)=e^x$ 的麦克劳林级数，第二个是 $g(x)=\cos x$ 的麦克劳林级数。但是你真的知道说某个级数是某个函数的麦克劳林级数意味着什么吗？很多同学都不知道，所以我们先从澄清关于这类级数收敛性的一些问题开始。

再次考虑这个级数：

$$\sum_{n=0}^{\infty}\frac{x^n}{n!}=1+x+\frac{x^2}{2!}+\frac{x^3}{3!}+\cdots。$$

这个级数对任意实数 x 都收敛(你可以用比值判别法确证)，这意味着对于任意的 x，这个级数加起来都是一个有限的数。对于 $x=2$，它等于一个数，对于 $x=-5$，它等于另一个数，以此类推。我们可以把这个级数看作 x 的函数，

$$f(x)=\sum_{n=0}^{\infty}\frac{x^n}{n!}。$$

因为这个级数是 x 的无穷多项式，所以这看起来很自然。

现在再考虑这个级数：

$$\sum_{n=0}^{\infty}x^n=1+x+x^2+x^3+\cdots。$$

这个也可以视为 x 的无穷多项式，但是它并不是对 x 的所有值都收敛，具体地说，它只在 $x\in(-1,1)$时加起来是有限的数。我们还是可以把它看作 x 的函数，只是定义域不同，定义 $f:(-1,1)\to\mathbb{R}$ 为

$$f(x)=\sum_{n=0}^{\infty}x^n\ ,$$

定义域仅限于 $x\in(-1,\ 1)$。

这应该能解释将一个幂级数看作函数意味着什么，但是它并没有解释这个函数如何与一个常见的函数相关联，比如 $g(x)=\cos x$。我们可以通过考虑部分和来解释。

对于级数 $1-\frac{x^2}{2!}+\frac{x^4}{4!}-\frac{x^6}{6!}+\cdots$，前几个部分和是

$$1,\ 1-\frac{x^2}{2!},\ 1-\frac{x^2}{2!}+\frac{x^4}{4!},\ 1-\frac{x^2}{2!}+\frac{x^4}{4!}-\frac{x^6}{6!}。$$

它们都可以被认为是 x 的函数。所以我们可以在同一幅图上画出它们的曲线。这些曲线分别是哪个部分和？

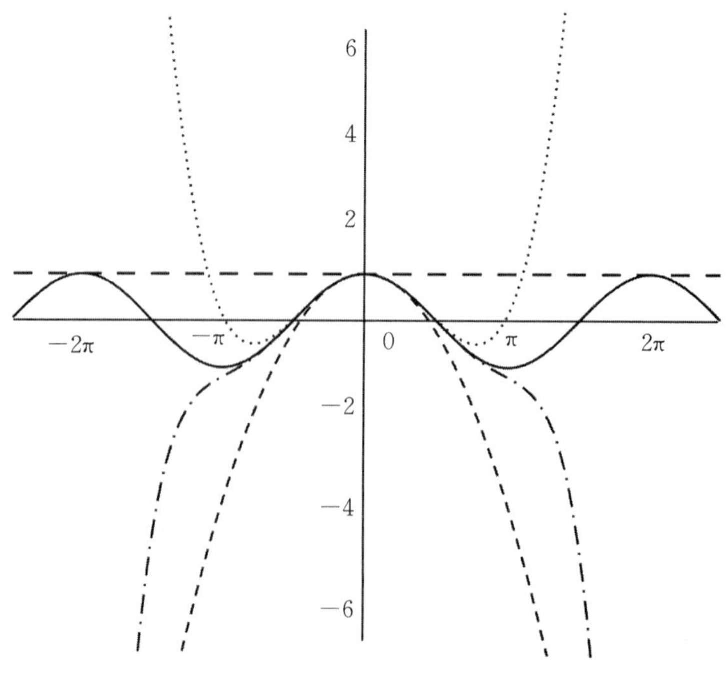

注意，带有更多项的部分和提供了对函数更好的近似：它们更贴合函数的曲线。如果你能使用图形计算器或计算机代数软件，可以绘制更高次的部分和。在这一章的末尾会介绍如何做到，现在你可以向后翻一翻，看看 8.7 节的图，我们将在泰勒定理的研究中回到这个话题。

6.10 收敛半径

我们已经确立了有些幂级数对所有 $x\in\mathbb{R}$ 都收敛，而有些则不收敛。在数学分析中提出的一个问题是，我们怎样才能知道幂级数对哪些 x 收敛？为了建立一些直觉，我们可以考虑一个例子，通过扩展版的比值判别法来说明：

定理（级数比值判别法）：

设随着 $n\to\infty$，$|a_{n+1}/a_n|\to l$。则：

1. 若 $l<1$，则 $\sum a_n$ 收敛；

2. 若 $l>1$（包括 $l=\infty$），则 $\sum a_n$ 发散。

将其应用于幂级数 $\sum\limits_{n=0}^{\infty}\dfrac{(x-3)^n}{2n}$，可以得到

$$\left|\frac{a_{n+1}}{a_n}\right|=\left|\frac{(x-3)^{n+1}}{2(n+1)}\cdot\frac{2n}{(x-3)^n}\right|=\left|(x-3)\cdot\frac{n}{n+1}\right|,$$

随着 $n\to\infty$，它趋近 $|x-3|$（为什么？）。因此，根据比值判别法，当 $|x-3|<1$，级数收敛，当 $|x-3|>1$，级数发散，也就是说 $2<x<4$ 时收敛，$x<2$ 或 $x>4$ 时发散。

同样的过程也可应用于其他幂级数——很可能你的课程会给出大量

例子。下面给出了这个定理的一般形式：

定理：对于幂级数 $\sum_{n=0}^{\infty} c_n (x-a)^n$ ，以下只有一条是正确的：

1. 该幂级数收敛于 $x \in R$。

2. 该幂级数只在 $x=a$ 时收敛。

3. $\exists R>0$ 使得幂级数在 $|x-a|<R$ 时收敛，在 $|x-a|>R$ 时发散。R 称为该幂级数的收敛半径。

敏锐的同学对此会问两个问题。第一个是，如果 $|x-a|=R$ 呢？实际上，对这种情况，比值判别法无法判别。为了深入了解其中的原因，想想我们刚才看到的幂级数在 $x=2$ 和 $x=4$ 处会发生什么。

第二个问题是，为什么这个不包含任何圆圈的东西被称为收敛半径？这个问题有让人满意的答案：它确实包含了圆圈，只是被隐藏了。如果 x 是复数，这一节的所有内容仍然成立。在复平面上，$|x-a|<R$ 定义了一个以 a 为中心半径为 R 的圆，如果是实数，我们就只能看到它的实数轴部分。

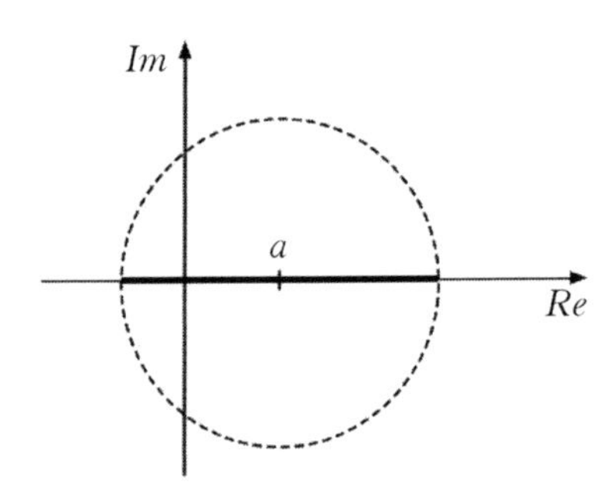

6.11 泰勒级数

许多读者都知道 6.9 节的麦克劳林级数，许多读者也知道，我们可以用这个公式找到一般函数 f 在点 a 处的泰勒级数(其中标记法 $f^{(n)}(a)$表示 f 在 a 处的 n 阶导数，并且与 $f^n(a)$相区分，后者表示 $f(a)$的 n 次幂)：

$$f(x)=f(a)+f'(a)(x-a)+\frac{f''(a)}{2!}(x-a)^2+\cdots+\frac{f^{(n)}(a)}{n!}(x-a)^n+\cdots。$$

要推导这个公式，假设我们可以把 f 表示成幂级数，也就是写成

$$f(x)=\sum_{n=0}^{\infty}c_n(x-a)^n=c_0+c_1(x-a)+c_2(x-a)^2+c_3(x-a)^3+\cdots。$$

我们需要求出这些系数，有一个马上可以得出：设 $x=a$，可得 $f(a)=c_0$，这样就得到了 c_0。

我们可以通过巧妙的微分和替换求出其他系数。将两边微分得到

$$f'(x)=c_1+2c_2(x-a)+3c_3(x-a)^2+4c_4(x-a)^3+\cdots。$$

令 $x=a$，可得 $f'(a)=c_1$，这样就得到了 c_1。

再次微分得到

$$f''(x)=2c_2+3\times 2c_3(x-a)+4\times 3c_4(x-a)^2+5\times 4c_5(x-a)^3+\cdots。$$

同样令 $x=a$，可得 $f''(a)=2c_2$，因此 $c_2=\frac{1}{2}f''(a)$。

明白套路了不？再求一次导：

$$f^{(3)}(x)=3\times 2c_3+4\times 3\times 2c_4(x-a)+5\times 4\times 3c_5(x-a)^2+6\times 5\times 4c_6(x-a)^3+\cdots。$$

令 $x=a$，得到 $f^{(3)}(a)=3\times2c_3$，因此 $c_3=\frac{f^{(3)}(a)}{3\times2}$。

我没有把具体的值求出来，这样更容易看出结构。再继续几步，你会发现，其实

$$c_n=\frac{f^{(n)}(a)}{n\times(n-1)\times\cdots\times3\times2}=\frac{f^{(n)}(a)}{n!},$$

也就是说这个级数必须是泰勒级数

$$f(x)=f(a)+f'(a)(x-a)+\frac{f''(a)}{2!}(x-a)^2+\cdots+\frac{f^{(n)}(a)}{n!}(x-a)^n+\cdots。$$

这个推导很漂亮，学过微积分的读者可能见过。但是在数学分析中，我们不仅仅做微分和代数——我们还要考虑计算在什么前提下成立。这个推导表明，如果一个函数等于围绕点 a 的幂级数，那么该幂级数必定是泰勒级数。但是这并没有告诉我们在什么情况下这个如果成立。我们已经研究了两个例子(你可能还知道更多)，对所有 x，泰勒级数与函数的值都相等。但是我们也看到了一个函数不是这样的。如果你用上面的方法对 $f(x)=1/(1-x)$ 在 $a=0$ 处进行微分和替换，你会得到

$$\frac{1}{1-x}=1+x+x^2+x^3+\cdots。$$

但是我们知道这个等式只适用于 $x\in(-1,1)$。函数 $f(x)=1/(1-x)$ 对于 x 的许多其他值也毫无疑问有定义，但是在这些值上函数与这个幂级数不相等。此外，还存在除了 $x=a$ 之外与其泰勒级数都不相等的函数。这些都超出了本书的范围，但是这里的阐释应该已能让你意识到这里还

有很多东西需要学习。

6.12 前瞻

和前一章一样，这一章也只是让你对将在数学分析课中遇到的内容建立基本认识。一门涵盖级数的课程将包括关于诸如 $\sum x^n$ 和 $\sum(1/n^a)$ 这样的"标准"级数的收敛性等方面的完全形式化的内容，以及这一章中提到的许多结果的证明，例如绝对收敛和条件收敛的比较判别。你可能还会学习**积分判别法**，它在级数与图形下的面积之间建立了关联。这里用 $f(x)=1/x$ 的图解释一下，请看看这幅图并思考一下为什么有这个关联(长条块的总面积是多少?)，这将为第 9 章研究可积性提供一些早期经验。

定理(积分判别法)：

设 f：$[1,\infty)\to\mathbb{R}$ 大于 0 且单调递减。

则 $\sum_{n=1}^{\infty}f(n)$ 和序列 $\left(\int_1^n f(x)\,\mathrm{d}x\right)$ 要么都收敛，要么都趋向无穷大。

如：

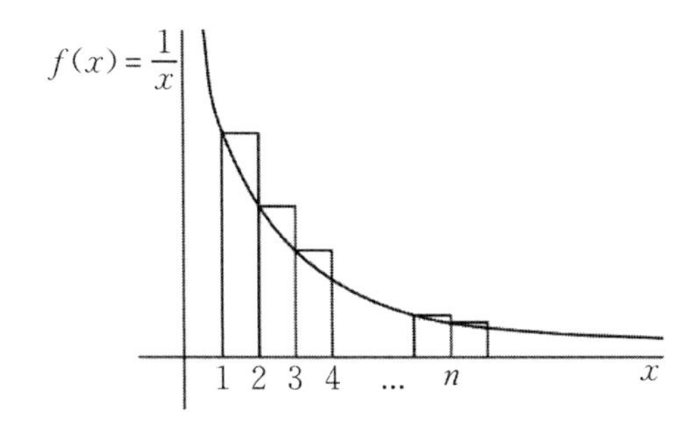

这样的判别法，与一些标准级数的知识结合起来，可以用来判定更多级数的收敛性。通过大量实践，可以对该用哪种判别法判定一般级数的收敛性和求幂级数的收敛半径建立经验。

级数思维可以用于更高级和更应用性的课程。例如，傅立叶分析进一步发展了用无穷级数逼近函数的思想，用余弦函数和正弦函数来逼近周期函数。复分析将许多结果推广到允许项为复数的级数和幂级数，并发展了一些在级数和函数之间建立关联的深刻结果。这本书只讲到实数，但我们还会在第 8 章再次讨论这个关联。

下面是用数学工具软件 GeoGebra 生成泰勒多项式逼近余弦函数的步骤(你可以从〈http：//www. geogebra. org〉免费下载，或者直接在网页上点击“启动计算器”在线使用)：

1. 在输入行键入“$f(x)=\cos(x)$”并按回车键。
2. 单击左边按钮栏的“工具”按钮添加“滑动条”。点击“滑动条”后在窗口空白处点击鼠标放置滑动条。在弹出窗口中名称栏输入“$n=1$”，最小值设为 0，最大值设为 100，增量设为 1，然后单击“确定”按钮。
3. 在输入行键入“taylorpolynomial[f，0，n]”并按回车。绘图窗口将绘制在 $a=0$ 处逼近 $f(x)=\cos(x)$的 n 阶幂级数。
4. 鼠标按住滑动条的滑块拖动以改变 n。这很好玩，但玩的时候不要忘了想一想你看到的是什么。
5. 按住 ctrl 键同时滚动鼠标滚轮可以缩放图形。缩小图形后更便于观察泰勒多项式对 $\cos(x)$的拟合随着 n 递增的变化情况。
6. 当然，你可以随便修改输入，研究其他函数、点和级数部分和。

7.
连续

这一章首先讨论连续的直观概念，并介绍一些初等数学中没遇到过的函数；然后解释连续的定义，并展示如何用定义来证明函数在某一点连续，以及证明关于连续函数的一般性定理；最后还将连续与极限和不连续性证明关联起来。

7.1 什么是连续？

大多数人在开始学数学分析时都对连续有一些直觉认识，但是同学们经常需要更新和发展他们的思维，才能欣赏现代数学所使用的复杂概念。

一个常见的直观认识是，“如果笔不离开纸就可以画出来”，函数就是连续的。作为初步近似，这并没有错——对于许多简单函数，它都能得到正确结论。但事实上它有一点局限性，图只能画出实函数有限的一部分，我们通常只画出原点附近一小部分。因此人们的实际意思是整个图连成“一整块”。另外画图看似容易操作，却还有一个更严重的问题：它只是物理行为，不能用于数学推理。例如，数学分析中有一个定理是，如果 f 和 g 都是连续函数，那么 $f+g$ 也是连续函数。也许你会觉得这是对的(尽管你应该像以往一样，超越直观认识去思考——是什么限定了你想不出使之不成立的怪异例子?)，但如何证明呢?笔不离开纸画出 $f+g$ 的图形?这不具可操作性;我们无法画出函数相加。所以我们需要更精确更数学的东西。

对于数学定义来说，明智的第一步是不再把连续性视为整个函数的性质，而是将其视为函数在某一点上可能具有的性质。几乎可以肯定，你已经这样做了：例如，大多数人都会同意，这个分段定义的函数在 $x=1$ 处是不连续的，但在其他任何地方都是连续的。

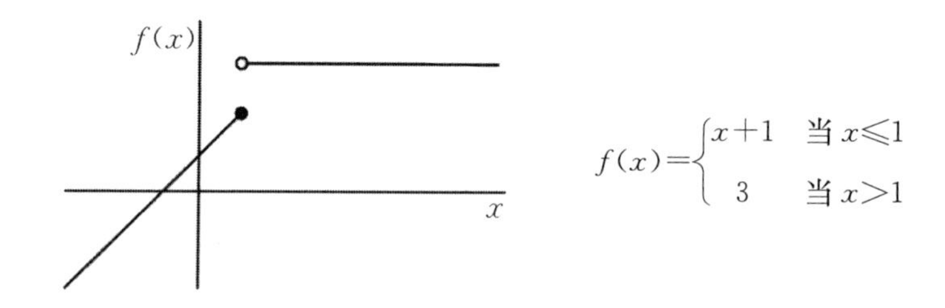

数学家们以此为出发点，定义了函数在某一点处连续的意义，然后再讨论处处连续的函数。

在 7.4 节，我将通过非形式化讨论建立连续的定义，然后在 7.5 节直接从定义出发解释它的含义。我在第 5 章中对序列收敛的定义也做了同样的处理，同样，你愿意的话也可以先阅读 7.5 节。如果你读过第 5 章，你会认识到收敛和连续的定义在结构上密切相关。这很有用——虽然分析中有许多逻辑复杂的定义，但它们很相似，一旦你掌握了使用一个定义的窍门，其他定义也会变得更容易。7.6 节将讨论收敛和连续的密切关联，同时还讨论了连续的定义的常见变体。

7.10 节讨论了另一个密切相关的定义——极限。很有可能你的老师或课本会先讲极限再讲连续，但我选择了相反的方式，因为对我来说连续的概念更直观。在给出任何定义之前，我会提供一些关于函数标记法的信息，并介绍一些你可能从未见过的函数。

7.2 函数的例子和说明

在学习分析之前，同学们都已经学了一些标准函数，通常包括：

- 二次函数，例如 $f(x)=x^2-3x+10$；
- 三次函数，例如 $f(x)=-6x^3+5x^2-3x+10$；
- 高阶多项式，形如 $f(x)=a_0+a_1x+a_2x^2+\cdots+a_nx^n$；
- 有理函数，例如 $f(x)=\dfrac{2x^2-3x}{x^2-5x+6}$；
- 指数函数，例如 $f(x)=\mathrm{e}^x$ 或 $f(x)=2^x$；
- 对数函数，例如 $f(x)=\ln x$ 或 $f(x)=\log_{10}x$；
- 三角函数，例如 $f(x)=\sin x$；
- 反三角函数，例如 $f(x)=\tan^{-1}x$（经常写作 $f(x)=\arctan x$）。

大部分同学都知道如何处理这些函数，有些同学可能记不住函数的导数和积分，或者不擅长识别或绘制函数图形。如果你觉得没什么把握，我建议你拿出课本做一些练习。当然你也可以依靠公式表，但如果基础知识不会拖累你的速度，你会学得更轻松。

这里介绍一下高等数学中的函数表示。

在高等数学中，尤其是在数学分析中，人们关心函数的域。要正确表述数学对象，这一点很重要。例如，第 2 章有这样的语句：

设 $f:[0,10]\to\mathbb{R}$，

这句话读作

"设从[0，10]映射到实数的函数 f。"

在冒号后和箭头前明确给出了定义域[0，10]。2.4 节解释了原因：函数在不同的定义域可能有不同的性质。例如，

定义在 f：$[0,10]\to\mathbb{R}$ 的函数 $f(x)=x^2$ 有上界，

但定义在 f：$\mathbb{R}\to\mathbb{R}$ 的函数 $f(x)=x^2$ 没有上界。

定义域很重要，你在给出函数的时候也应确保它们被正确定义。当我让同学们举一个在 0 点不连续的 f：$\mathbb{R}\to\mathbb{R}$ 函数的例子时，最常见的答案是 $f(x)=1/x$。这个函数在 0 点的确不连续，但它不是从 $\mathbb{R}$ 映射到 $\mathbb{R}$ 的函数，它在 0 点处没有定义。一种修改方式是在 0 点给它指定一个值，例如：

$$f(x)=\begin{cases}1/x & 若\ x\neq 0\\ 0 & 若\ x=0\end{cases}$$

这个函数在 0 点处不连续，并且处处都有定义。并不是所有老师都会指出这个错误，但如果你对此漫不经心，他们会认为你在数学上有点幼稚。

还有很多同学认为，我们应当以同样的方式小心处理函数的值域，因此这种写法是错误的：

定义 f：$\mathbb{R}\to\mathbb{R}$ 函数 $f(x)=x^2$。

他们认为，因为函数值是非负数，所以应该这样写：

定义 f：$\mathbb{R}\to[0,\infty)$ 函数 $f(x)=x^2$。

事实上，前者是对的。数学家对**陪域**（codomain，函数的映射域值集合）和**值域**（image，实际上被函数“命中”的值的集合）进行了区分。数学分析中不会经常问到关于值域的问题，人们通常只写出陪域，直接把所有函数都写成“$\to\mathbb{R}$”。

另外，你对符号$[0,\infty)$感到奇怪吗？将区间扩展到无穷大时，我们会使用圆括号，因为∞不是一个数，所以不能说它“属于”某个区间，也不能说它是区间中“最大的数”。

有时候可能会对陪域有更紧凑的指定，但还是要区分陪域和值域。例如，你可能会见到这样的定理：

定理：设函数 f：$[0,1]\to[0,1]$连续，则$\exists c\in[0,1]$使得 $f(c)=c$。

经常有同学把这个定理的前提解释为，函数必须映射到$[0,1]$中的所有值，因此它只适用于下图最左边的函数，而不适用于右边的两个函数。

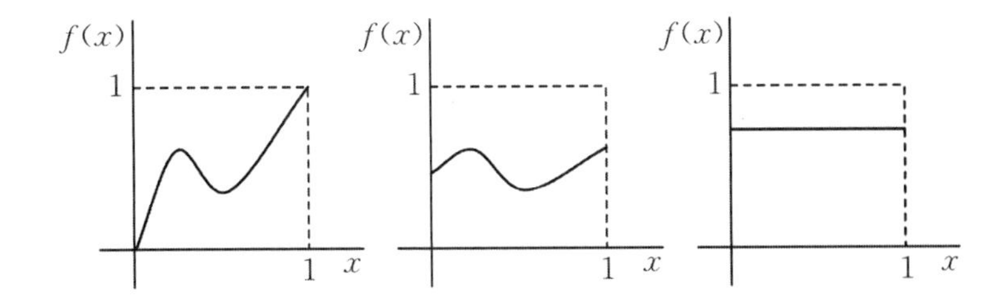

这是错误的。箭头后面的$[0,1]$指的是陪域，而不是值域，这个前提只意味着每个 $f(x)$都必须在$[0,1]$中，因此这三个函数都适用。用数学术语来说，f 不一定是**满射**。

顺便说一句，这个定理是关于**不动点**的存在性——你能看出为什么点 c 会被称为不动点吗？为什么这个命题必定为真？

7.3 更有趣的函数例子

数学分析中有许多关于一般函数的定理，这些函数通常简单标记为 f 或 g。当你看到这种标记时，如果只想到简单熟悉的函数，你对定理的理解就不够全面。定理适用于满足前提的任意函数，包括像这样随意构造的奇怪函数：

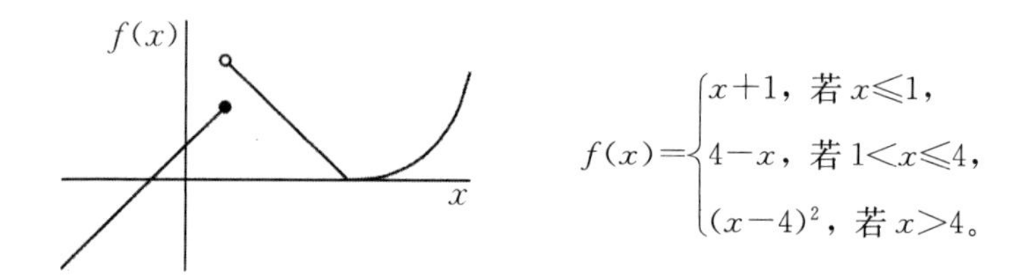

$f(x)$
x
$f(x)=\begin{cases} x+1, & 若\ x\leqslant 1, \\ 4-x, & 若\ 1<x\leqslant 4, \\ (x-4)^2, & 若\ x>4。\end{cases}$

这个函数是分段定义的，但它是单值函数：对于每个 $x\in\mathbb{R}$，对应的函数值 $f(x)$是唯一的。我们甚至可以给每个 $x\in\mathbb{R}$ 分配一个随机数来构造一个函数。当然，这样的函数很难处理，也很少遇到。但是定理并不关心函数的细节，只需满足它的前提；函数也不一定要表示成简单的公式，甚至可以没有公式。

也就是说，考虑具体的函数通常是有用的，只是在数学分析中有用的函数远不止前面列出的那些常见函数。列出的那些函数不一定处处都有定义，但是在有定义的地方都连续(检查一下，确定这是正确的)。还有很多函数不是这样的。例如，这个函数在无穷多个点上都不连续(“$\mathbb{Z}$”表示所有整数的集合)：

$$f(x)=\begin{cases} 2 & 若\ x\in\mathbb{Z} \\ 1 & 若\ x\notin\mathbb{Z} \end{cases}$$

这个函数呢？

$$f(x)=\begin{cases}1 & 若\ x\in\mathbb{Q}\\0 & 若\ x\notin\mathbb{Q}\end{cases}$$

这个函数是根据 x 是否为有理数定义的，也就是说，x 是否可以表示为 p/q，其中 p，$q\in\mathbb{Z}$，且 $q\neq0$(见 10.2 节)。有理数和无理数在数轴上的分布很复杂——无论我们选择什么有理数，都有想要多近就有多近的无理数，反之亦然。所以这个函数处处都不连续，甚至不可能以符合实际的方式把它画出来。我们一般是沿着 $f(x)=0$ 和 $f(x)=1$ 画虚线来粗略地表示它。这就够了，只是要记住它不是精确描述。

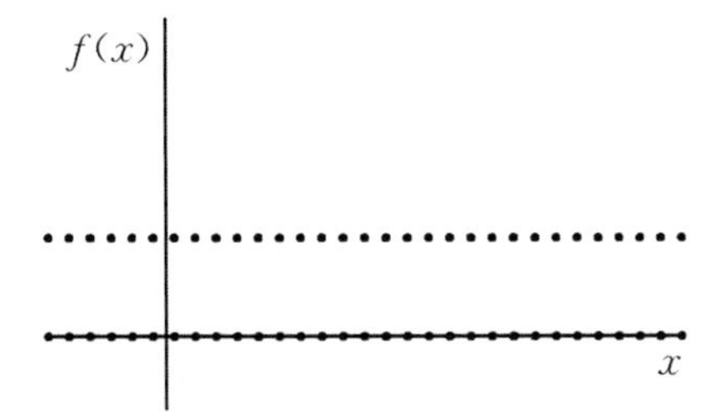

你能不能为这个函数绘制一个不精确但可能有帮助的图？

$$f(x)=\begin{cases}x，若\ x\in\mathbb{Q}，\\0，若\ x\notin\mathbb{Q}。\end{cases}$$

数学家在分析中使用这些例子是因为它们可以帮助澄清连续和可微等概念的含义。但是简单函数也可以。例如，考虑下面的函数。你认为它们在 $x=0$ 处连续吗？可微吗？

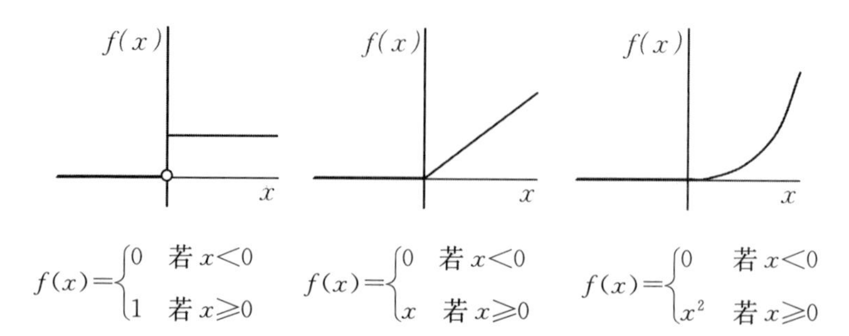

$f(x)=\begin{cases}0 & 若\ x<0\\ 1 & 若\ x\geqslant 0\end{cases}$　$f(x)=\begin{cases}0 & 若\ x<0\\ x & 若\ x\geqslant 0\end{cases}$　$f(x)=\begin{cases}0 & 若\ x<0\\ x^2 & 若\ x\geqslant 0\end{cases}$

如果你发现自己拿不准，你并不孤单——面对这些例子，许多同学都会意识到，自己对这些概念的认识并不清晰。可微是下一章的主题，这一章继续探讨连续。

7.4 从直觉出发认识连续

这一节从连续的非形式化描述着手讲解其定义(如果你读过 5.5 节，应该已经熟悉这种方式)。如果你想直接从定义着手，然后再了解对定义的解释，可以先阅读 7.5 节。

首先，请记住连续是针对某一点定义的。假设 f 在点 a 处连续，取值 $f(a)$。我们该怎样描述这种情况呢？许多人会这样说："当 x 靠近 a 时，$f(x)$靠近 $f(a)$。"很好，但还不够，你可以看看下面的图，左边的函数在 a 处连续，右边的不连续。两种情况都符合当 x 靠近 a 时，$f(x)$靠近 $f(a)$。只是在右图中它靠得不够近。

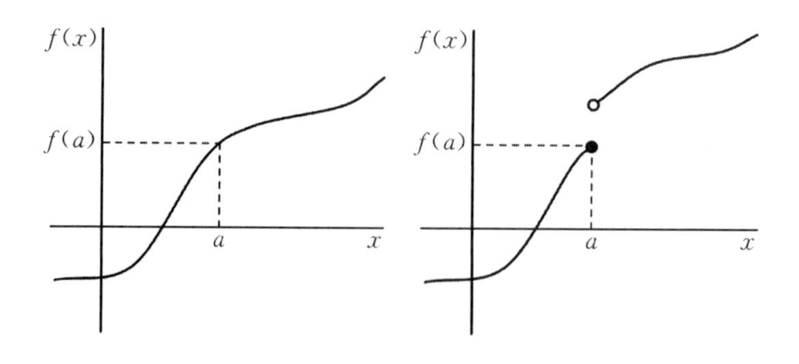

下面给出了非形式化但在数学上正确的描述。

非形式化描述：函数 f 在 a 处连续，当且仅当，通过使 x 与 a 足够近，我们可以使 $f(x)$ 尽可能接近 $f(a)$。

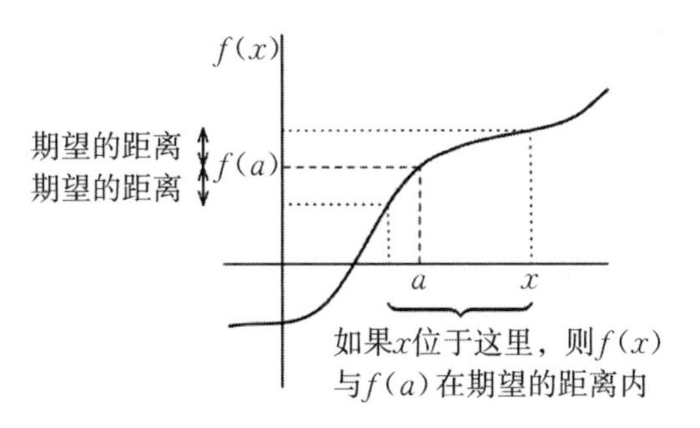

如果期望的距离较小，可能要让 x 更接近 a。这个描述排除了非连续函数：例如下图，在 a 的右侧，即使 x 很接近 a，垂直“间隙”也意味着 $f(x)$ 永远不会“尽可能接近” $f(a)$：

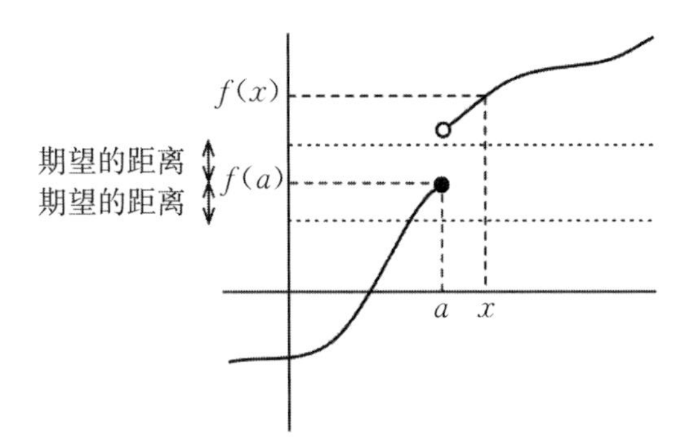

要将非形式化描述转换为形式化定义，需要将“近”的概念表示成代数。假设我们想要让 $f(x)$ 与 $f(a)$ 的距离小于 ε（5.5 节曾介绍过，“ε”是希腊字母 epsilon，不要与字母“e”混淆）。

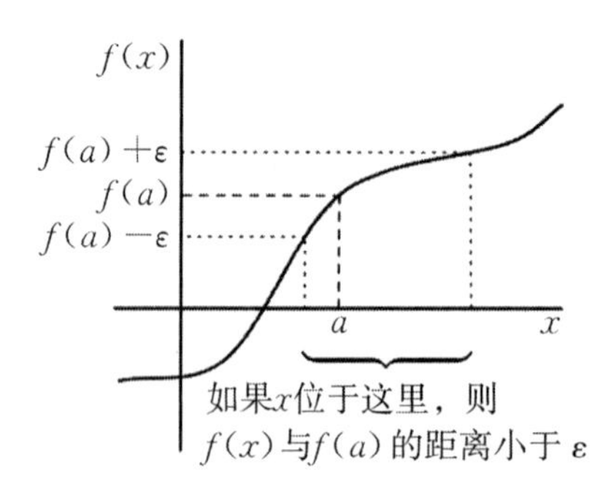

也就是说要让 $f(a)-\varepsilon<f(x)<f(a)+\varepsilon$，这个可以进一步缩写为 $|f(x)-f(a)|<\varepsilon$，因为

$$|f(x)-f(a)|<\varepsilon \Leftrightarrow -\varepsilon<f(x)-f(a)<\varepsilon \Leftrightarrow f(a)-\varepsilon<f(x)<f(a)+\varepsilon。$$

在这个背景下，一般将 $|f(x)-f(a)|<\varepsilon$ 读作"$f(x)$与 $f(a)$的距离小于 ε。"

原来的描述是"通过使 x 与 a 足够近，我们可以使 $f(x)$尽可能接近 $f(a)$"。数学上这样刻画"足够近"：

$$\exists \delta>0 \text{ 使得若 } |x-a|<\delta，\text{则 } |f(x)-f(a)|<\varepsilon。$$

其中 δ 是希腊字母"德尔塔(delta)"。请朗读这句话，并思考各部分如何与图关联。我是这样思考的：

$\exists\delta>0$	使得	若$\lvert x-a\rvert<\delta$，	则$\lvert f(x)-f(a)\rvert<\varepsilon$。
存在距离 δ	使得	若 x 与 a 的距离小于 δ，	则 $f(x)$与 $f(a)$的距离小于 ε。

下面的图有两个候选的 δ，一个小的一个大的，你认为哪个合适？答案是小的；选大的会使得 a 左侧被包含的部分 x 对应的 $|f(x)-f(a)|\not<\varepsilon$。

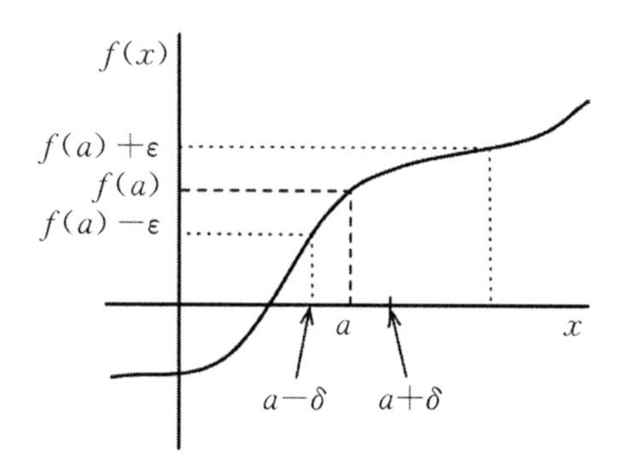

这还只解决了 ε 的一个值。对于这个 ε，通过使 x 接近 a，可以使 $f(x)$接近 $f(a)$。但它还没有刻画**想要多近就有多近**的想法。要刻画这一点，我们可以想象 ε 变小，对于任意的 $\varepsilon>0$，只要让 x 离 a 足够近，都可以使得 $f(x)$与 $f(a)$的距离小于 ε。这就得到了完整的定义：

定义：函数 f：$\mathbb{R}\to\mathbb{R}$ 在 $a\in\mathbb{R}$ 处**连续**，当且仅当

$$\forall\varepsilon>0，\exists\delta>0 \text{ 使得若} |x-a|<\delta\text{，则} |f(x)-f(a)|<\varepsilon\text{。}$$

如果你还是更喜欢非形式化思维，可以这样思考：

定义：函数 f：$\mathbb{R}\to\mathbb{R}$ 在 $a\in\mathbb{R}$ 处连续，当且仅当

$\forall\varepsilon>0$，	$\exists\delta>0$	使得	若 $\lvert x-a\rvert<\delta$，	则 $\lvert f(x)-f(a)\rvert<\varepsilon$。
无论 ε 有多小，	存在距离 δ	使得	若 x 与 a 的距离小于 δ，	则 $f(x)$与 $f(a)$的距离小于 ε。

你的数学分析课本上对这个定义的表述可能不完全一样，你可能还会看到涉及极限或序列的变体。7.6 节会简要探讨这些变体。

7.5 从定义出发认识连续

这一节直接给出连续的定义，然后进行拆解和阐释，反向重构 7.4 节的内容，顺便讲解如何拆解逻辑语句。定义如下：

定义：函数 f：$\mathbb{R}\to\mathbb{R}$ 在 $a\in\mathbb{R}$ 处**连续**，当且仅当

$\forall\varepsilon>0$，$\exists\delta>0$ 使得当 $|x-a|<\delta$，则 $|f(x)-f(a)|<\varepsilon$。

这个定义是关于 f 在 a 处的连续性，其中 a 是一个感兴趣的固定点。该定义还涉及一个一般点 x 和对应的函数值 $f(x)$。这种标记法很常见，数学家经常用字母表前面的字母表示常量(至少暂时不变)，用末尾的字母表示变量。如果你读过第 5 章，可以回顾一下 5.6 节的收敛定义，逻辑结构非常相似。下面来拆解这个定义，以类似的方式——从后往前——来理解它。

最后一部分是 $|f(x)-f(a)|<\varepsilon$，可以读作"$f(x)$ 与 $f(a)$ 的距离小于 ε"。因为

$$|f(x)-f(a)|<\varepsilon\Leftrightarrow-\varepsilon<f(x)-f(a)<\varepsilon\Leftrightarrow f(a)-\varepsilon<f(x)<f(a)+\varepsilon,$$

因此 $f(x)$ 位于 $f(a)-\varepsilon$ 和 $f(a)+\varepsilon$ 之间。我们可以在纵轴上标记这个限制，再添加一些虚线，呈现出哪些 x 能使得 $|f(x)-f(a)|<\varepsilon$。这凸显了连续性的一些重要信息。对于下面的非连续函数，a 的右侧没有这样的 x 值。

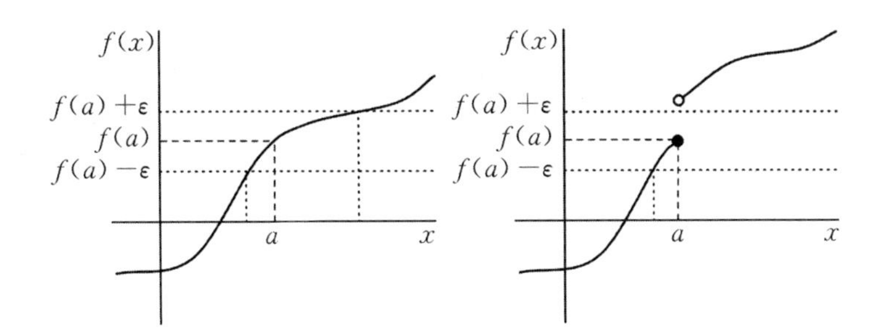

沿定义再往前是：

$$\text{若}|x-a|<\delta\text{，则}|f(x)-f(a)|<\varepsilon\text{。}$$

也就是说，如果 x 与 a 的距离小于 δ，则 $f(x)$ 与 $f(a)$ 的距离小于 ε。如果函数在 a 处连续，我们一定可以找到一个适当的 δ，如下图所示。注意，有两个候选的 δ，我选了较小的那个。为什么？如果你不清楚，想一想如果选大的，左侧会发生什么。

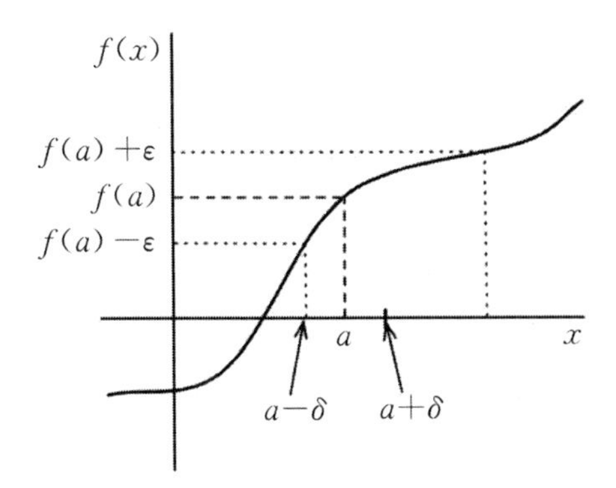

再往前是

$$\exists\delta>0\text{ 使得若}|x-a|<\delta\text{，则}|f(x)-f(a)|<\varepsilon\text{。}$$

为了理解其意义，注意如果函数在 a 处不连续，就可能不存在合适的 δ。下图中标记的 ε 就没有合适的 δ（在 a 的右侧，即使 x 很接近 a，也无法使 $|f(x)-f(a)|<\varepsilon$）。可见这个定义对函数的分类符合预期。

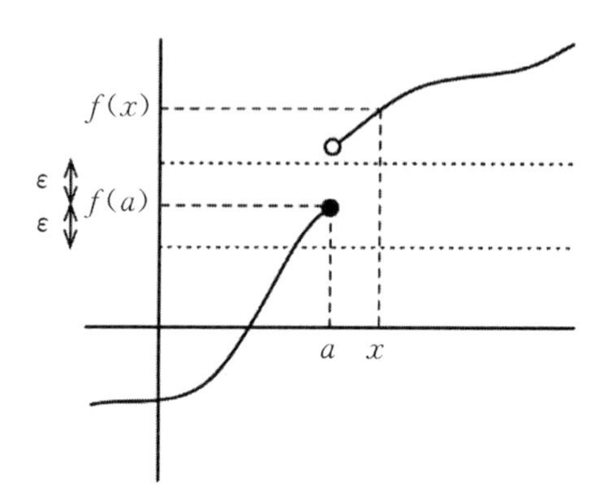

其余部分呢？

$$\forall\varepsilon>0，\exists\delta>0 \text{ 使得若 } |x-a|<\delta，\text{则 } |f(x)-f(a)|<\varepsilon。$$

意思是说，**对于任意大于 0 的 ε**，后面部分都是正确的。对于连续函数，我们可以想象让 ε 变小：对于较小的 ε 值，我们可能需要较小的 δ 值，虽然小但是依然存在。

总体上，我们可以通过思考定义、图和这样的非形式化解释来认识非形式化与形式化思维的关联：

定义：函数 f：$\mathbb{R}\to\mathbb{R}$ 在 $a\in\mathbb{R}$ 处**连续**，当且仅当

$\forall\varepsilon>0$，	$\exists\delta>0$	使得	若 $\lvert x-a\rvert<\delta$，	则 $\lvert f(x)-f(a)\rvert<\varepsilon$。
无论 ε 有多小，	存在距离 δ	使得	若 x 与 a 的距离小于 δ，	则 $f(x)$ 与 $f(a)$ 的距离小于 ε。

7.6　定义的变体

前面给出的定义是分析中的标准形式，你可能还见过其他形式。其中一些只是改变符号或风格。另一些变体的区别则更为实质和微妙。这里讨论其中一些变体，但请记住，即使你遇到的定义看起来不一样，逻辑结构肯定是一样的——如果你仔细比较后还是无法看出这一点，可以去向老师请教。

首先，你可能会看到“若…则…”从句的措辞变化，也许是这样：

定义：函数 f：$\mathbb{R}\to\mathbb{R}$ 在 $a\in\mathbb{R}$ 处**连续**当且仅当

$\forall\varepsilon>0$，$\exists\delta>0$ 使得 $|x-a|<\delta\Rightarrow|f(x)-f(a)|<\varepsilon$。

定义：函数 f：$\mathbb{R}\to\mathbb{R}$ 在 $a\in\mathbb{R}$ 处**连续**当且仅当

$\forall\varepsilon>0$，$\exists\delta>0$ 使得 $\forall x\in\mathbb{R}$，若 $|x-a|<\delta$，则 $|f(x)-f(a)|<\varepsilon$。

第二，第 1 章曾提到，一些老师认为同时学习新概念和新符号容易让人迷糊，所以他们不愿使用量词符号，宁愿用文字描述，就像这样：

定义：函数 f：$\mathbb{R}\to\mathbb{R}$ 在 $a\in\mathbb{R}$ 处**连续**当且仅当

对任意的 $\varepsilon>0$，存在 $\delta>0$ 使得若 $|x-a|<\delta$，

则 $|f(x)-f(a)|<\varepsilon$。

如果你更喜欢文字描述，也可以，逻辑正确就行。

第三，有些人相反，喜欢把一切都写成符号，也许会用括号表示句子不同部分的关联：

定义：函数 f：$\mathbb{R}\to\mathbb{R}$ 在 $a\in\mathbb{R}$ 处**连续**当且仅当

$$(\forall\varepsilon>0)(\exists\delta>0)(|x-a|<\delta\Rightarrow|f(x)-f(a)|<\varepsilon)。$$

第四，以上定义版本隐含地假设 f 是对全部 $x\in\mathbb{R}$ 定义的（它们提到 $f(x)$ 时没有给出任何信息提示它可能没有被定义）。你可能会看到有版本不这样假设，而是只在一个受限域上定义 f：

定义：函数 f：$A\to\mathbb{R}$ 在 $a\in A$ 处**连续**当且仅当

$\forall\varepsilon>0$，$\exists\delta>0$ 使得若 $x\in A$ 且 $|x-a|<\delta$，

则 $|f(x)-f(a)|<\varepsilon$。

这个定义可能更好，但它有点长，所以对于处处有定义的函数，我坚持使用更简单的版本。

第五，你可能见过这个版本：

定义：函数 f：$\mathbb{R}\to\mathbb{R}$ 在 $a\in\mathbb{R}$ 处**连续**当且仅当

$\lim\limits_{x\to a}f(x)$ 存在并且等于 $f(a)$。

其中"$\lim\limits_{x\to a}f(x)$"读作"x 趋于 a 时 $f(x)$ 的极限"。如果你学过微积分，可能见过这个定义。它看起来和我给出的定义很不一样，实际上并非如此，因为极限的定义与连续的定义有密切关联，7.10 节将对此进行讨论。

最后，如果你的课程涵盖了序列和连续，你也可能会看到这个：

定义：函数 f：$\mathbb{R}\to\mathbb{R}$ 在 $a\in\mathbb{R}$ 处**连续**当且仅当

对于所有序列 (x_n)，若 $(x_n)\to a$，则 $(f(x_n))\to f(a)$。

你能看出为什么这个变体是合理的吗？尝试画一个连续函数，在 x 轴上

标记一个点序列 x_1，x_2，x_3，…使$(x_n)\to a$，并思考纵轴上对应的值 $f(x_1)$，$f(x_2)$，$f(x_3)$，…。

7.7 证明函数连续

课程在引入定义后，通常会给出相应的例子，并证明其符合定义。例如证明 $f:\mathbb{R}\to\mathbb{R}$ 函数 $f(x)=3x$ 在所有 $a\in\mathbb{R}$ 处连续。你肯定知道这个函数连续，但这里的重点不是结论，而是如何给出形式化证明(与 5.7 节的做法非常相似)。

有许多方法可以构造证明，有人喜欢从纯逻辑和代数入手。我喜欢先画图。下面再次给出定义，并且画出了函数 f 的图，还标示了点 a 以及任意的 ε 值。

定义：函数 $f:\mathbb{R}\to\mathbb{R}$ 在 $a\in\mathbb{R}$ 处连续，当且仅当

$$\forall\varepsilon>0,\ \exists\delta>0 \text{ 使得若} |x-a|<\delta\text{，则} |f(x)-f(a)|<\varepsilon\text{。}$$

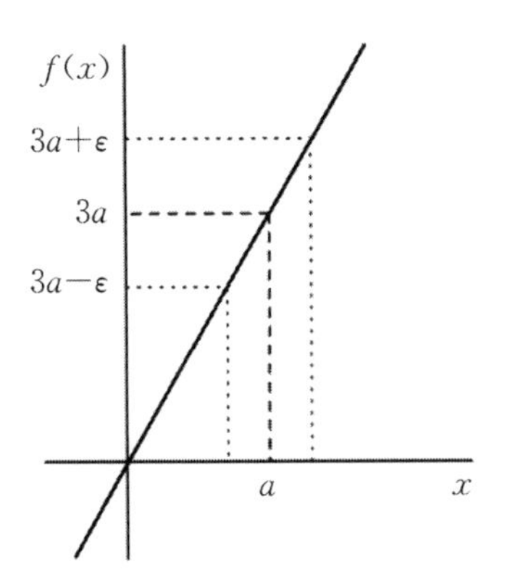

对于给定的 ε，什么样的 δ 值能确保若 $|x-a|<\delta$，则 $|f(x)-f(a)|<\varepsilon$？如果你不能马上回答，问问自己，如果 $\varepsilon=1$ 需要什么 δ 值？如果 $\varepsilon=1/2$ 呢？以此类推。很明显，δ 取决于 ε：ε 越小，需要的 δ 也越小。我们

可以认为这个函数将输入拉伸了 3 倍，因此所需的 x 轴上的区间是给定的 $f(x)$ 轴上的区间的 1/3，所以 $\delta=\varepsilon/3$ 就可以了。明确这一点后，就可以利用定义来构造证明。

我们想要证明这个定义适用于所有 $a\in\mathbb{R}$，因此应该考虑任意的 a（“任意”意味着任选一个，不特指）。对于这个 a，我们想要证明，$\forall\varepsilon>0$，有些东西成立。因此，我们还要假设一个任意的 $\varepsilon>0$，就像这样：

断言：f：$\mathbb{R}\to\mathbb{R}$ 函数 $f(x)=3x$ 在所有 $a\in\mathbb{R}$ 处连续。

证明：设任意的 $a\in\mathbb{R}$ 和任意的 $\varepsilon>0$。

对于这个 a 值和 ε 值，我们想证明存在 $\delta>0$ 使得某个东西成立。在数学上，证明存在性最直接的方式就是构造一个。我们可以基于前面的推理来构造：

断言：f：$\mathbb{R}\to\mathbb{R}$ 函数 $f(x)=3x$ 在所有 $a\in\mathbb{R}$ 处连续。

证明：设任意的 $a\in\mathbb{R}$ 和任意的 $\varepsilon>0$。

令 $\delta=\varepsilon/3$。

然后我们需要证明若 $|x-a|<\delta$，则 $|f(x)-f(a)|<\varepsilon$。对这个例子我们可以将 $|f(x)-f(a)|$ 中的 $f(x)$ 和 $f(a)$ 替换为函数式，然后利用 δ 和 ε 的关系做一些代数推导。阅读证明时请确定自己知道每个等式和不等式为什么成立。

断言：f：$\mathbb{R}\to\mathbb{R}$ 函数 $f(x)=3x$ 在所有 $a\in\mathbb{R}$ 处连续。

证明：设任意的 $a\in\mathbb{R}$ 和任意的 $\varepsilon>0$。

令 $\delta=\varepsilon/3$。

则若 $|x-a|<\delta$，可得

$$|f(x)-f(a)|=|3x-3a|=3|x-a|<3\delta=3\varepsilon/3=\varepsilon。$$

这个证明在技术上已经完成了：我们证明了在任意的 $a\in\mathbb{R}$ 处都符合定义。不过还要加一行结论以示礼貌。可以直接写"因此 f 在所有 $a\in\mathbb{R}$ 处连续"，也可以再加一行，对论证进行总结：

断言：f：$\mathbb{R}\to\mathbb{R}$ 函数 $f(x)=3x$ 在所有 $a\in\mathbb{R}$ 处连续。

证明：设任意的 $a\in\mathbb{R}$ 和任意的 $\varepsilon>0$。

令 $\delta=\varepsilon/3$。

则若 $|x-a|<\delta$，可得

$$|f(x)-f(a)|=|3x-3a|=3|x-a|<3\delta=3\varepsilon/3=\varepsilon。$$

因此 $\forall a\in\mathbb{R}$ 我们证明了

$$\forall\varepsilon>0，\exists\delta>0 \text{ 使得若 } |x-a|<\delta，\text{则 } |f(x)-f(a)|<\varepsilon。$$

因此 f 在所有 $a\in\mathbb{R}$ 处连续得证。

你应该仔细阅读一下这个证明，模仿 3.5 节的自我解释练习。你还应该再进一步，问问自己能不能改进。例如，我们使用了 $\delta=\varepsilon/3$，但这是必须的吗？用 $\delta=\varepsilon/4$ 行不行？如果 $f(x)=2x+2$，该怎么修改证明？如果 $f(x)=-3x$ 呢？要小心，有些同学在对负数和绝对值进行推导时会思维混乱。如果 $f(x)=cx$，其中 c 是常数，又该如何修改？你的修改对 c 为负时适用吗？对 $c=0$ 也适用吗？

最后要提醒的是，类似这样的证明可能会在你的课程中以不同的方式呈现。证明的结构通常会直接反映定义的结构。有些人喜欢画图，也有很多人喜欢用代数推导，先写下"设 $\delta=$ __"，留一个空，然后利用不等式推导需要什么 δ，再将 δ 填进去。

7.8 连续函数的组合

上一节的证明是针对一个简单的线性函数，还有更复杂的函数。例如证明 $f: \mathbb{R} \to \mathbb{R}$ 函数 $f(x)=x^2$ 在所有 $a \in \mathbb{R}$ 处连续。证明这个依然是用定义，复杂在哪里呢?

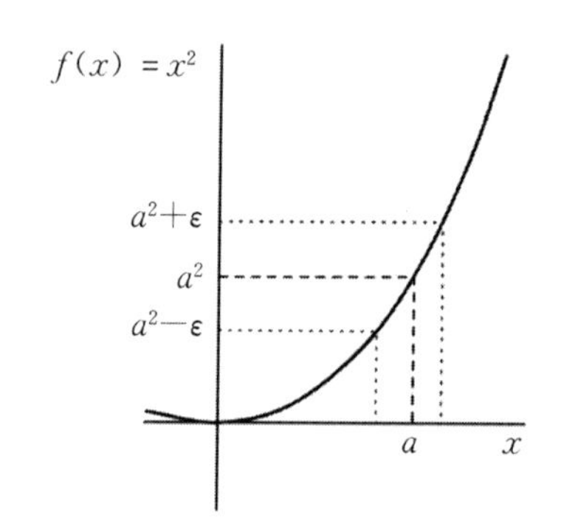

一个问题是它的图是曲线，所以 δ 不仅取决于 ε，还取决于 a：a 距离 0 越远，δ 就越小。具体来说，合适的 δ 应该是 $\left|\sqrt{a^2+\varepsilon}-a\right|$ 和 $\left|\sqrt{a^2+\varepsilon}+a\right|$ 中较小的那个(这对于 $a<0$ 也成立吗?)。你可能会见到这样构建的证明，但更简洁的方法是利用乘积法则。

定理(连续函数乘积法则)：

设函数 $f: \mathbb{R} \to \mathbb{R}$ 和 $g: \mathbb{R} \to \mathbb{R}$ 都在 $a \in \mathbb{R}$ 处连续，则 fg 也在 a 处连续。

这个定理可以用来证明 $f(x)=x^2$ 连续(怎么证?)，而且显然这个定理更具一般性。

这里不会证明乘积法则(类似于收敛序列乘积法则的证明)，不过，我会展示如何用乘积法则来证明另一个定理，即形为 $f_n(x)=x^n$ 的函数处处连续。证明利用了数学归纳法，以及 $f_1(x)=x$ 处处连续的断言——

你能够证明吗?

定理：对所有 $n\in\mathbb{N}$，f：$\mathbb{R}\to\mathbb{R}$ 函数 $f_n(x)=x^n$ 在所有 $a\in\mathbb{R}$ 处连续。

证明：设任意的 $a\in\mathbb{R}$，

则 $f_1(x)=x$ 在 a 处连续。

假设 f_k 在 a 处连续，

注意到 $\forall x\in\mathbb{R}$，$f_{k+1}(x)=x^{k+1}=x^kx^1=f_k(x)f_1(x)$，

因此 $f_{k+1}=f_kf_1$，因此根据乘积法则，f_{k+1}在 a 处连续。

因此根据归纳法，$\forall n\in\mathbb{N}$，$f_n(x)=x^n$ 在 a 处连续。

由于 a 是任意选择的，所以我们证明了

对所有 $n\in\mathbb{N}$，f：$\mathbb{R}\to\mathbb{R}$ 函数 $f_n(x)=x^n$ 在所有 $a\in\mathbb{R}$ 处连续。

许多同学理解这个证明，但不明白为什么需要数学归纳法。他们认为乘积法则直接证明了这个定理。其实没有，乘积法则是将 2 个函数相乘，而不是 3 个，也不是 n 个。定理只说了它们所说的，仅此而已，所以这里必须用数学归纳法。

在这一节的余下部分，我要提醒大家注意关于连续性的一些定理的重要差异。首先来看这个定理和证明，它推广了 7.7 节的结果。

定理：设 $c\in\mathbb{R}$，则 f：$\mathbb{R}\to\mathbb{R}$ 函数 $f(x)=cx$ 在所有 $a\in\mathbb{R}$ 处连续。

证明：设任意的 $a\in\mathbb{R}$ 和任意的 $\varepsilon>0$。

设 $\delta=\dfrac{\varepsilon}{|c|+1}$，

则若 $|x-a|<\delta$，可得

$$|f(x)-f(a)|=|cx-ca|=|c||x-a|<|c|\delta=\frac{|c|\varepsilon}{|c|+1}<\varepsilon,$$

因此 $\forall a\in\mathbb{R}$，我们证明了

$\forall\varepsilon>0$，$\exists\delta>0$ 使得若 $|x-a|<\delta$，则 $|f(x)-f(a)|<\varepsilon$。

因此 f 在所有 $a\in\mathbb{R}$ 处连续得证。

似乎还行(尽管你可能需要提醒才会知道“$|c|+1$”中的“$+1$”是确保分母不会为 0)。但它经常与另一个定理和证明相混淆，特别是当人们对前提和结论的思考不够清晰的时候。下面是另一个定理：

定理(连续函数乘常数法则)：

设 a，$c\in\mathbb{R}$，函数 f：$\mathbb{R}\to\mathbb{R}$ 在 a 处连续，则 cf 在 a 处连续。

证明： 设任意的 $\varepsilon>0$，

则 $\exists\delta>0$ 使得若 $|x-a|<\delta$，则[1]

$$|f(x)-f(a)|<\frac{\varepsilon}{|c|+1}。$$

因此 $|x-a|<\delta\Rightarrow$

$$|cf(x)-cf(a)|=|c||f(x)-f(a)|<\frac{|c|\varepsilon}{|c|+1}<\varepsilon。$$

因此 $\forall\varepsilon>0$，$\exists\delta>0$ 使得若 $|x-a|<\delta$，则 $|cf(x)-cf(a)|<\varepsilon$。

因此 cf 在 a 处连续。

显然，通过比对符号来学习数学分析不是一个好主意，因为两个定理和证明可能看起来非常相似，实质却大相径庭。前面的定理是关于特定的 f：$\mathbb{R}\to\mathbb{R}$ 函数 $f(x)=cx$，证明其满足连续的定义。在后面的定理中，f 在 a 处连续这一事实是前提，然后从这一前提出发，证明函数 cf 也满足连续的定义。两个证明用到了一些相似的思路，但由于前提和结论不同，它们的结构也不一样。明白这一点之后，也许你会想再读一遍。

---

① 若 $\varepsilon>0$，则 $\varepsilon/(|c|+1)>0$，由于 f 在 a 处连续，因此必定存在 $\delta>0$，使得若 $|x-a|<\delta$，则 $|f(x)-f(a)|<\varepsilon/(|c|+1)$。

7.9 更多连续性定理

这本书没有涵盖数学分析课的所有内容，但是，同其他章节一样，我会列出一些你可能会遇到的东西，并提示思考它们的方法。首先是一个经常与乘积法则一同出现的定理：

定理(连续函数求和法则)：

设函数 f：$\mathbb{R}\to\mathbb{R}$ 和 g：$\mathbb{R}\to\mathbb{R}$ 都在 $a\in\mathbb{R}$ 处连续，则 $f+g$ 也在 a 处连续。

你认为这个该怎么证明？可以参考 5.10 节寻找灵感。

第二个是一个有用的引理：

引理：若 f：$\mathbb{R}\to\mathbb{R}$ 在 $a\in\mathbb{R}$ 处连续，且 $f(a)>0$，则 $\exists\delta>0$ 使得若 $|x-a|<\delta$，则 $f(x)>0$。

这个引理很考验理解力。你能否很快明白它说的是什么，为什么直观上这是合理的(甚至显而易见)？如果没有，你能画图帮助思考吗？2.4 和 2.5 节给出了如何做的建议。如果你确信它是正确的，想想它和连续性的定义有什么关系，看看能不能找到证明它的方法。

第三个是一个很显而易见的定理：

介值定理：

设 f 在 $[a, b]$ 上连续，y 介于 $f(a)$ 和 $f(b)$ 之间，则 $\exists c\in(a, b)$ 使得 $f(c)=y$。

这个定理值得参照 2.5 节的建议思考一下。虽然这个定理只涉及介于 $f(a)$ 和 $f(b)$ 之间的 y 值，但函数也可能在这个区间之外取值：

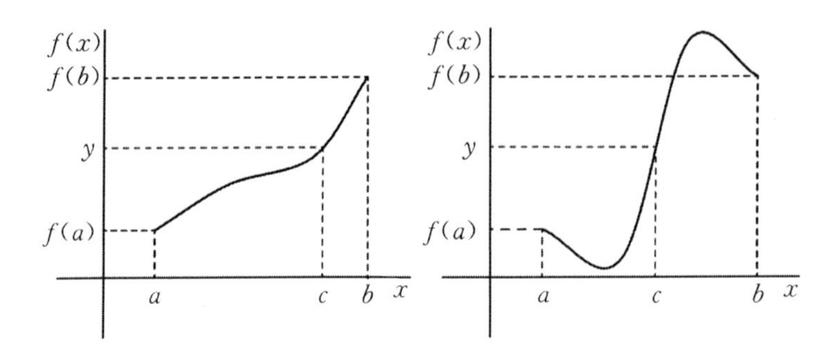

介值定理的证明需要用到实数集的性质，10.5 节会讨论实数。这里不会证明介值定理，而是用介值定理来证明 7.2 节的不动点定理：

定理：设 $f: [0, 1] \to [0, 1]$ 连续，则 $\exists c \in [0, 1]$ 使得 $f(c)=c$。

证明：若 $f(0)=0$ 或 $f(1)=1$，则定理得证。

否则，考虑函数 $h(x)=f(x)-x$。

根据连续函数求和法则，h 在 $[0, 1]$ 上连续，

因此有 $h(0)>0$，因为 $f(0) \in [0, 1]$，而 $f(0) \neq 0$；

有 $h(1)<0$，因为 $f(1) \in [0, 1]$，而 $f(1) \neq 1$。

因此根据介值定理，$\exists c \in (0, 1)$ 使得 $h(c)=0$。

而 $h(c)=0 \Rightarrow f(c)=h(c)+c=0+c=c$。

因此 $\exists c \in [0, 1]$ 使得 $f(c)=c$ 得证。

下面的图给出了直观证明，图中的函数 $f(x)$ 满足定理的前提条件，斜线表示 $y=x$，双向箭头表示 $h(x)$。

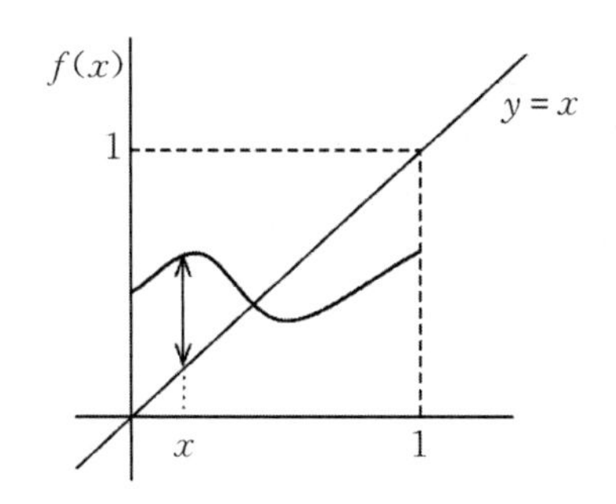

7.10　极限和不连续

连续与极限密切相关，这一节通过比较几个定义来探讨。同以往一样，先画图。下面画的两个函数在 a 处都不连续，但不连续的性质不一样。左边的函数在 x 趋近 a 时没有极限：a 左侧和右侧的点的函数值相距很远。右边的函数在 x 趋近 a 时有极限：x 从任何一边趋近 a，函数值都会趋近 l，在数学上我们说 x 趋近 a 时 $f(x)$ 趋近 l。只不过 $l \neq f(a)$，所以这个函数在 a 处不连续，但是它有极限。

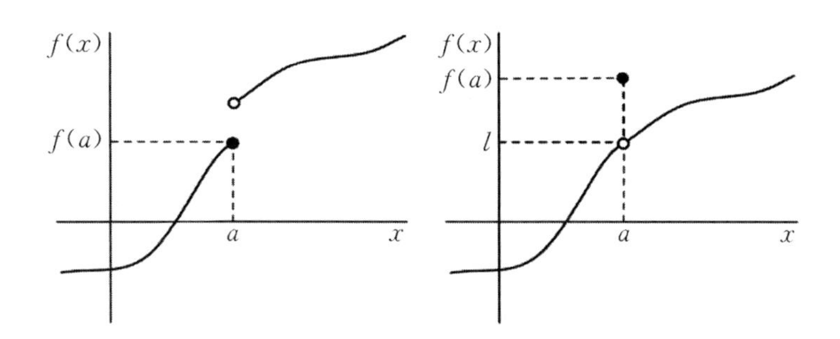

这个例子凸显了极限和连续的关系，并解释了连续的一种定义：

定义：函数 $f: \mathbb{R} \to \mathbb{R}$ 在 $a \in \mathbb{R}$ 处**连续**当且仅当

$\lim\limits_{x \to a} f(x)$存在并且等于 $f(a)$。

这个定义说的是，连续性要求极限存在，并且 $f(a)$的值“在正确的位置上”。这符合直觉(至少我觉得这个版本很好理解——如果你不太满意，可以寻找其他解释)。下面将极限和连续的定义放在一起，以便比较。

定义(极限)：$\lim\limits_{x\to a}f(x)=l$ 当且仅当

$\forall\varepsilon>0$，$\exists\delta>0$ 使得若 $0<|x-a|<\delta$，则 $|f(x)-l|<\varepsilon$。

定义(连续)：函数 f：$\mathbb{R}\to\mathbb{R}$ 在 $a\in\mathbb{R}$ 处连续，当且仅当

$\forall\varepsilon>0$，$\exists\delta>0$ 使得若 $|x-a|<\delta$，则 $|f(x)-f(a)|<\varepsilon$。

极限定义说的是一般性的极限 l 而不是 $f(a)$的值。另一个区别是，对于极限，判定的前提是 $0<|x-a|<\delta$，而不是 $|x-a|<\delta$。有什么区别？$0<|x-a|$意味着 x 和 a 的距离要大于 0，也就是 $x\neq a$，极限的定义并没有限定 $x=a$ 处的值是多少。所以函数在 a 处即使没有“正确的”值也可以有极限。实际上，即使 $f(a)$没有定义，它也可以有极限。

用极限版的连续性定义来判定一些函数的连续性更为简单。例如，下面的函数只有左边的在 0 处不连续。另外两个在 0 处都连续，因为尽管函数在左右的定义不同，但它们从左侧和右侧都趋近相同的极限，而且极限就等于 $f(0)$。

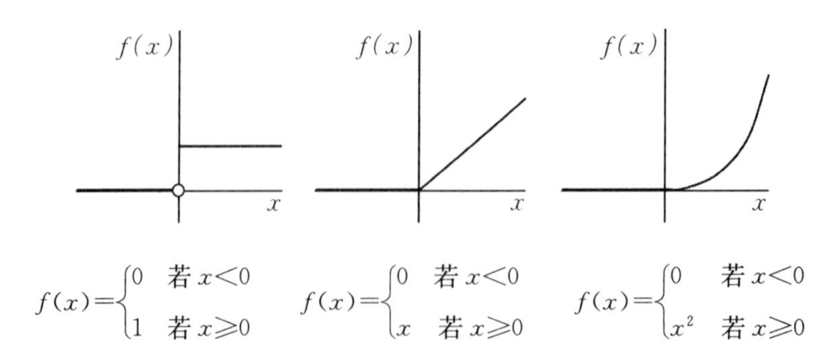

f(x)
x
f(x)
x
f(x)
x
$f(x)=\begin{cases}0 & 若 x<0\\ 1 & 若 x\geqslant 0\end{cases}$
$f(x)=\begin{cases}0 & 若 x<0\\ x & 若 x\geqslant 0\end{cases}$
$f(x)=\begin{cases}0 & 若 x<0\\ x^2 & 若 x\geqslant 0\end{cases}$

具体怎么证明可能取决于你课程的要求。在微积分预备课程中，观察到左右极限相同或不同就够了。在数学分析中，可能会要求用极限的定义

严格证明。极限和连续的定义具有相似的结构，因此处理方法也类似。

还有一类题目是要求证明不连续，方法是直接证明不符合连续的原始定义。以 7.1 节讲过的一个函数为例：

$$f:\mathbb{R}\to\mathbb{R}\text{ 函数 } f(x)=\begin{cases}x+1 & \text{若 } x\leqslant 1\\ 3 & \text{若 } x>1\end{cases}$$

这个函数在 1 处不连续。注意到 $f(1)=2$，因此要证明它在 1 处不连续，只需证明下面的命题不为真：

$$\forall \varepsilon>0,\ \exists \delta>0 \text{ 使得若} |x-1|<\delta\text{，则} |f(x)-2|<\varepsilon\text{。}$$

它说“对任意的 ε，存在 δ”，因此我们可以想办法证明存在一个 ε 没有合适的 δ，从而证明它不为真——请先确保自己理解了这一点。很显然 $\varepsilon=1/2$ 时就没有合适的 δ。这里简单给出一个证明；这个证明需要否定定义的前提，因此逻辑上有点复杂，所以请花时间将每一行与定义关联，必要的话可以画图帮助思考。

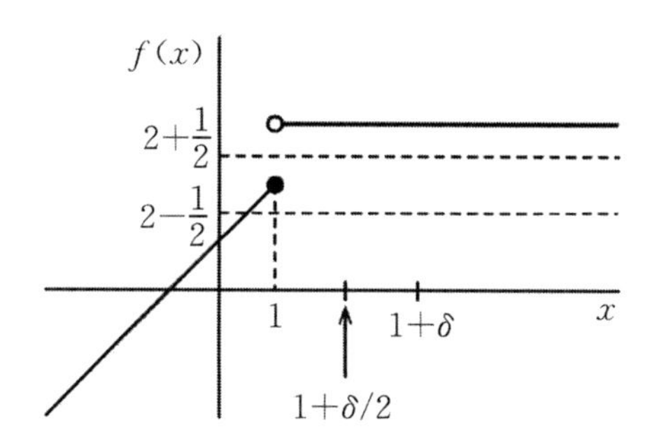

断言：$f:\mathbb{R}\to\mathbb{R}$ 函数 $f(x)=\begin{cases}x+1 & \text{若 } x\leqslant 1\\ 3 & \text{若 } x>1\end{cases}$ 在 $x=1$ 处不连续。

证明：注意到 $f(1)=2$，

设 $\varepsilon=1/2$，并且设任意的 $\delta>0$，

则 $x=1+\delta/2$ 符合 $|x-1|<\delta$，

但 $|f(x)-f(1)|=|3-2|=1>\varepsilon$。

因此对于 $\varepsilon=1/2$，不存在 $\delta>0$ 使得

$$\text{若}\ |x-1|<\delta,\ \text{则}\ |f(x)-f(1)|<\varepsilon。$$

因此 f 在 1 处不连续。

按照惯例，我们应该思考一下这个证明能否适用于相关情形。如果 $f(1)$值是“连”到图的右边而不是左边分支，会怎么样？如果函数“跳跃”的幅度没这么大，怎么修改证明？

最后，对于不连续性，再次考虑下面两个函数。左边的函数处处不连续，如何证明？右边的呢？很多人认为它也处处不连续。这个看法是错的，是基于直觉而不是定义。实际上，这个函数在 0 处是连续的。在纵轴上任选一个 ε，在横轴上肯定能取到一个 δ，只要 $|x-0|<\delta$，就有 $|f(x)-f(0)|<\varepsilon$，从而满足连续的定义。

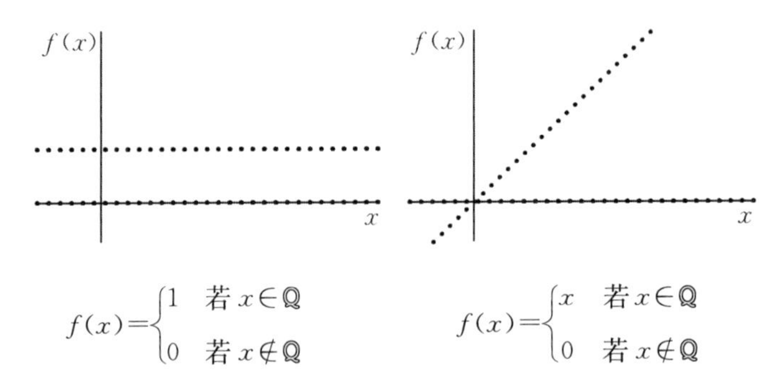

f(x)
x
f(x)
x
$f(x)=\begin{cases}1 & \text{若 } x\in\mathbb{Q}\\ 0 & \text{若 } x\notin\mathbb{Q}\end{cases}$
$f(x)=\begin{cases}x & \text{若 } x\in\mathbb{Q}\\ 0 & \text{若 } x\notin\mathbb{Q}\end{cases}$

对概念的数学描述通常都符合人们对概念的直观认识，但是对一些“边界”情形会有不同的分类，这就是典型例子。这不必深究，知道有这么回事，严格遵循定义就行了。你能构造出只在 2 个点连续的函数吗？3 个点呢？n 个点呢？

7.11 前瞻

连续性是一个重要主题，其定义的复杂性带来了一定的挑战性。不过你使用定义的次数越多，就越擅长处理定义，所以虽然内容复杂一些，只要熟练了也不难，甚至会更容易。另外还需要提醒的是，许多数学分析课程简单介绍连续之后，接下来就会介绍可微。可微其实比连续更简单，所以如果你还在努力应付连续性证明，不要放弃——这些努力能让你在课程中途跃升到新的高度。

一门涵盖连续性的课程可能会讲到这里的所有内容。肯定会证明连续函数的组合的定理：乘常数、求和、乘积法则(可能还有求商法则——你认为这个法则会说什么?)。这些通常会被归类于"连续函数的代数"之类的标题。也可能会先证明极限的类似结果，然后利用连续定义的极限形式直接应用于连续性。也可能会给出所有多项式函数处处连续的定理——你现在就可以用求和法则、乘积法则和数学归纳法证明。肯定会有介值定理的证明和各种应用，以及极值定理的证明：

极值定理：

设函数 f：$[a, b] \to \mathbb{R}$ 在 $[a, b]$ 上连续，则

1. f 在 $[a, b]$ 上有界；
2. $\exists x_1, x_2 \in [a, b]$ 使得 $\forall x \in [a, b]$，$f(x_1) \leqslant f(x) \leqslant f(x_2)$。

这个定理经常简单表述为"闭区间上的连续函数是有界的并且可以达到其边界"——你明白为什么吗？思考这个问题对于理解定理是很好的练习。画一些图，问自己为什么它必定为真，然后尝试拿掉某个前提——如果函数不连续，结论还成立吗？如果它的定义域不是闭区间 $[a, b]$，而是开区间 (a, b) 呢？它为什么被称为极值定理？

在其他课程中，你可能会遇到这些概念的高级版本。例如，闭区间是更一般的**紧集**概念的特例。在拓扑学中，你会学到更多关于紧集的内容，以及如何使用开集和闭集刻画连续性，函数的定义域不再局限于 $\mathbb{R}$ 的子集。在学习更艰深的分析课程或度量空间时，你可能会遇到**一致连续**，对于实值函数，它是这样定义的：

定义：函数 f：$A\to\mathbb{R}$ 在 A 上**一致连续**，当且仅当

$$\forall\varepsilon>0,\ \exists\delta>0 \text{ 使得 } \forall x_1,\ x_2\in A,\ |x_1-x_2|<\delta\Rightarrow|f(x_1)-f(x_2)|<\varepsilon。$$

这与标准的连续有什么不同？是否存在连续但不一致连续的函数，反过来呢？

在多元微积分中，连续和极限的概念会推广到多变量函数，例如 f：$\mathbb{R}^2\to\mathbb{R}$ 函数 $f(x,\ y)=x^2y$。这类函数可以看作是描述三维曲面，而不是二维曲线。你认为这种背景下的连续和极限是什么样的？可微的定义需要用到极限，下一章将对此进行讨论。

8.
可微

这一章讨论梯度/斜率和切线，指出常见的错误观念并提示如何避免；将可微的定义与图形表示联系起来，讲解了如何将其应用于简单函数，展示了函数可能在哪里不可微；然后讨论了均值定理和泰勒定理，并将它们与图和证明联系起来。

8.1 什么是可微

这一章讲的是可微，不是微分。你可能学过对标准函数进行微分，或者根据公式对不常见的函数进行微分。《微积分》或《高等数学 B》就是教你做微分，在本科数学课程中，还会有其他课程教你对更复杂的函数进行微分，但《数学分析》和《高等数学 A》不仅仅限于此。

数学分析研究的是微积分的基础，更关注函数可微的本质，而不是微分技巧。你可能思考过这个问题，但思考完后就忘了，也可能从没想过，只知道查导数表。这一章的目的之一，是让你对可微的直觉和形式化定义，以及两者的关联能有更深刻的认识。我们先从直觉开始，回顾 2.8 节简要提到的问题。

粗略地说，一个函数如果在某一点具有梯度或斜率，它就在该点可微。等价地说，如果函数在某一点有切线，它就在该点可微。例如，考虑 f：$\mathbb{R}\to\mathbb{R}$ 线性函数 $f(x)=3x$。这个函数的斜率处处为 3。你可能没有思考过线性函数的切线，因为曲线的切线才有趣。线性函数的切线和它本身的图形是一样的。这样的函数一般只讨论斜率。

再来看非线性的 f：$\mathbb{R}\to\mathbb{R}$ 函数 $f(x)=x^2$。显然，适用于函数 $y=mx+b$ 的斜率概念不适用于这种函数。它的图形是弯曲的，但如果我们想象将其不断放大，曲线就会越来越像直线。它当然不是直线，但大多数人会同意在极限条件下，可以在图上放一条合理的切线。切线在某一点与函数相契合，它们有相同的函数值，也有相同的斜率。

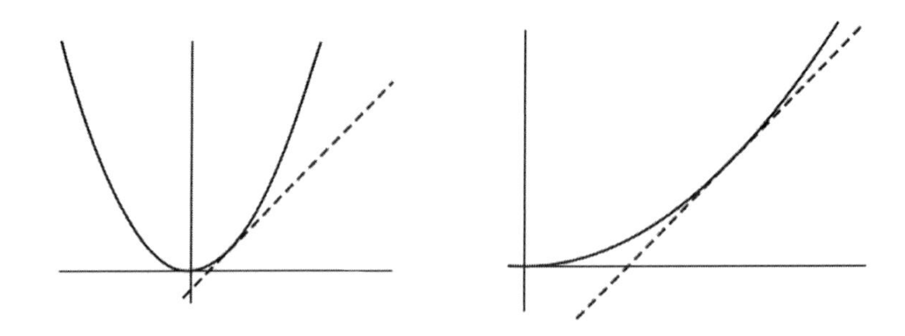

因此，对于像 $f(x)=x^2$ 这样的函数，虽然图象是曲线，但还是有很直观的斜率。我们不能像 $f(x)=3x$ 那样讨论**整个图象的斜率**，因为它的斜率随位置变化。但我们还是可以讨论**某一点的斜率**，这就够了。

但并非所有函数都是这样，例如 f：$\mathbb{R}\to\mathbb{R}$ 函数 $f(x)=|x|$，它在大多数位置都有斜率：在 0 的左侧，斜率为 -1；在右侧，斜率为 1。但是在 $x=0$ 处呢？放大会怎么样？无论放大多少，图形永远不会变直。它总有一个角，而且角的锐度不会减小。因此，讨论它的曲线在 0 处的斜率没有意义，画不出与图“契合”的切线。

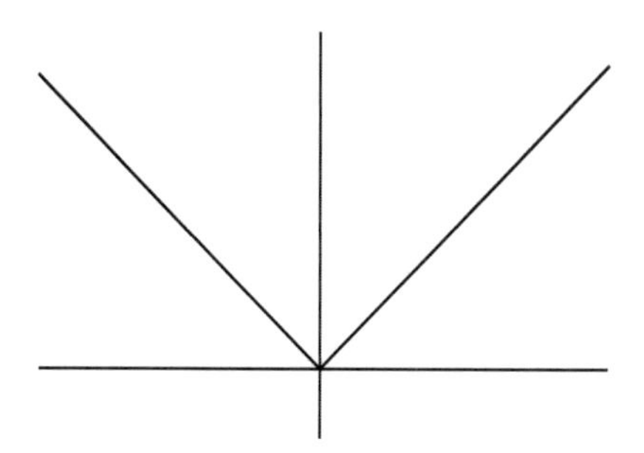

这就是可微的意义。非形式化表述是，如果一个函数在某一点具有斜率，则函数在该点可微。如果一个函数在某一点上有“角”，则在该点不可微。这个表述掩盖了许多技术细节，也忽略了更复杂的情形，但应该能让你认识到可微的概念具有直观意义，这是一个很好的起点。

8.2 一些常见的误解

在讨论可微的定义之前，先澄清一些关于导数和切线的常见错误观念。你可能不会犯这些错误，但这些思维方式很诱人，很多人都会犯。下面列举这些错误，并解释为什么它们不正确。

第一，面对无法在图上画出切线的点，有些同学会忍不住设法画一条。在“角”上，在两侧的切线的中间位置画一条“切线”，甚至画几条“切线”，想象切线沿着曲线移动时会绕这点旋转。就公认的数学理论而言，这是错的。在图上任何一点，最多有一个有意义的斜率，对应一条切线。

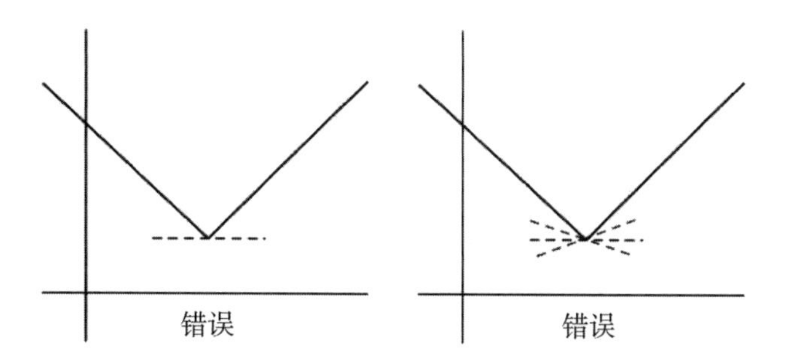

第二，2.9 节曾说过，草图可能有误导性，斜率也有类似的情况。很多人在手绘函数 f：$\mathbb{R}\to\mathbb{R}$ 函数 $f(x)=\sin x$ 时，会画成这样：①

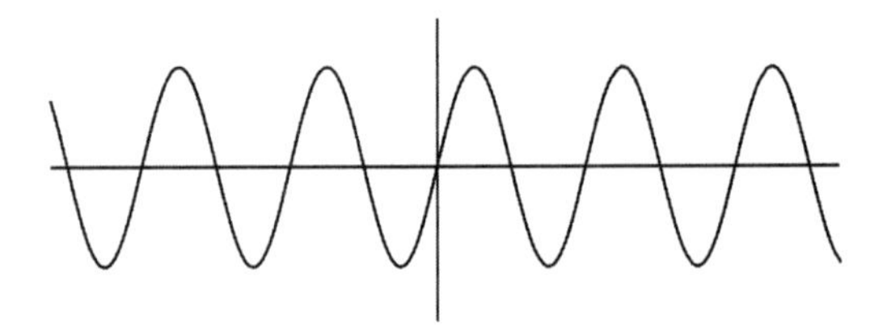

这样画曲线显得非常陡峭，例如 $x=2\pi$ 处。实际上最大斜率只到 1(为什么?)。让横轴和纵轴比例尺一致，画出来的 f 是这样：

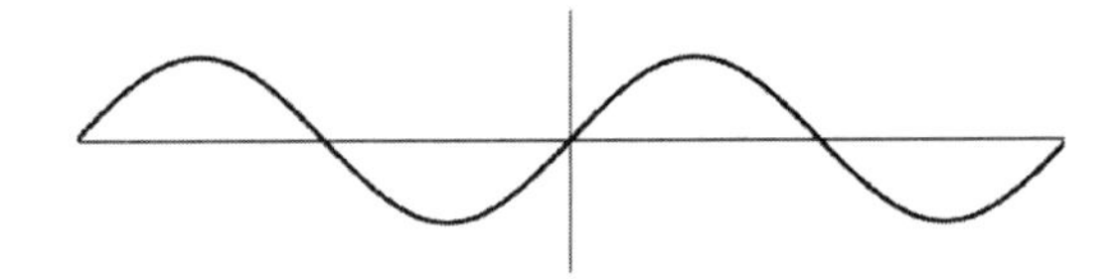

画成前面那样也行，你可以用你喜欢的比例画草图，但应确保对图的解读是基于函数本身的性质，不能被图误导。

第三，有些同学以前只熟悉圆的切线。圆的切线只在一点与圆相交，并且不会在切点与圆交叉(它在两个方向上都在圆的外面)。从图形来看，这一点显而易见：

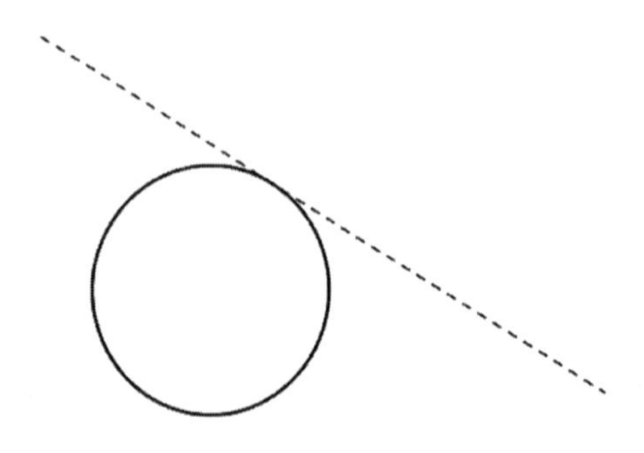

① 很多人会忽略 x 小于 0 的部分，请不要这样做。

这些性质不适用于普通函数的切线。一条切线完全有可能与函数的曲线不止一个交点，并且可以在切点与曲线交叉。再次以 $f: \mathbb{R} \to \mathbb{R}$ 函数 $f(x)=\sin x$ 为例，你能找到切线在切点处与曲线交叉的点吗？在切点以外与曲线相交呢？在无数个点相交呢？一般不会有人把圆的性质推广到函数，没有哪个同学会这样想："圆和函数是一样的，所以切线不能与函数的曲线交叉。"但重要的是要记住，在一个数学领域建立起来的认识不一定适用于另一个领域。

第四，0 导数容易让人混淆。大多数同学都能认同"函数 $f(x)=x^2$ 在 $x=0$ 处的导数为 0"。然而，当我们讨论函数 $g: \mathbb{R} \to \mathbb{R}$ 函数 $g(x)=5$ 的导数时，很多人会困惑。这里至少有三点让人容易混淆。有些人不太确定 $g(x)=5$ 是否真的是函数，毕竟 5 只是一个数，函数应该有 x。虽然很少有人明确这样说，但的确让人拿不准，因为这种表达式似乎与他们预想的不同。这种困惑有时可以通过更精确的表述来消除。如果写成 $g: \mathbb{R} \to \mathbb{R}$ 函数，对所有 $x \in \mathbb{R}$，$g(x)=5$，可能会好点。

还有些人认为不能对一个数取微分。这严格来说是对的，但不是他们所认为的那样。我们的确不能对一个数取微分，数不是正确的微分对象，但我们可以对一个函数取微分，这个函数处处都有值，只不过函数值就是这个数，例如 $g(x)=5$。g 是一个常数函数，所以它的图是平的，g 的导数处处为 0。大多数对这个问题感到困惑的人，能正确对 $h(x)=x^2+5$ 这样的函数求导。他们知道"常数的微分为 0"，他们只是(下意识地)被整个函数为常数的情形所困扰。

第五，"0 就是什么都没有"的观念也容易造成误解。有些人在面对常数函数的图形时，会说它"没有导数"，其实他们是把 0 导数误解为没有导数。很容易看出这种误解的来源：我们小时候是通过数数来学习数，拥有 0 只羊就等于没有羊。但是，在数学上，0 并不是什么都没有，它是一个实打实的数。如果你承认函数的导数可以是 3，就应该承认函数的导数也可以是 0。

这些混淆还会让人不确定函数 $g(x)=x^3$ 在 $x=0$ 处的切线是不是水平的。对于这个例子，我们还面临另外的问题。对于 f：$\mathbb{R}\to\mathbb{R}$ 函数 $f(x)=x^2$，$x=0$ 的左侧斜率为负，右侧斜率为正，所以理所当然地，如果我们从左往右移动，必然通过一个斜率为 0 的点(假设斜率“平滑地”变化，这是合理的，符合直观认识)。而对于 $g(x)=x^3$，$x=0$ 的左侧斜率为正，右侧斜率也为正，所以不具备同样的逻辑，让我们确信在某一点斜率“必须为 0”。

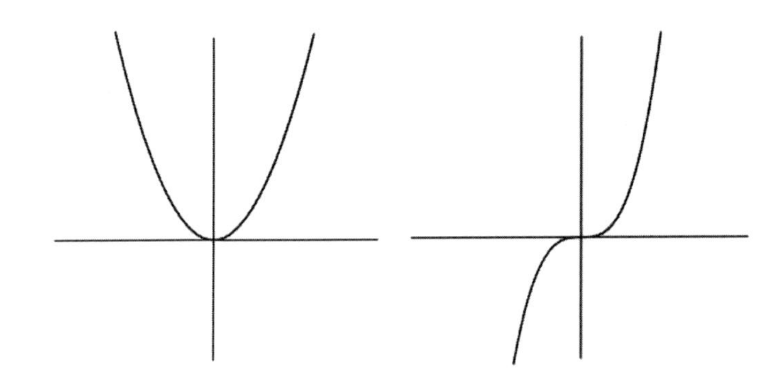

$g(x)=x^3$ 在 0 处的斜率的确是 0，但图画得太草率会导致人们不能确信导数为 0。

因此，为了准确认识导数，我们需要形式化地准确刻画它。目前还只是一些直观认识。敏锐的读者会注意到这一章到目前给出的所有函数都是连续的。第 7 章曾给出各种非连续函数，你可能也想知道可微的概念是否适用于非连续函数。你可能注意到了，如果函数在某一点不连续，“角”的概念没有意义。现在请先思考一下斜率和切线如何应用于非连续函数。在探讨可微的定义之后，我们再回到这个问题。

8.3 可微的定义

这里不直接给出可微的定义，而是解释它如何作为斜率概念的自然延伸而出现，以及它如何与 8.2 节介绍的非形式化概念关联。同样从线性函数开始，你可以随便设一个，例如 $f(x)=3x$，但是下面的图形没有明确指定斜率。从直观上我们可以这样认识斜率，“如果向右移动一个单位长度，向上会移动多少个单位长度?”(向下单位长度计为向上单位长度的负值)。

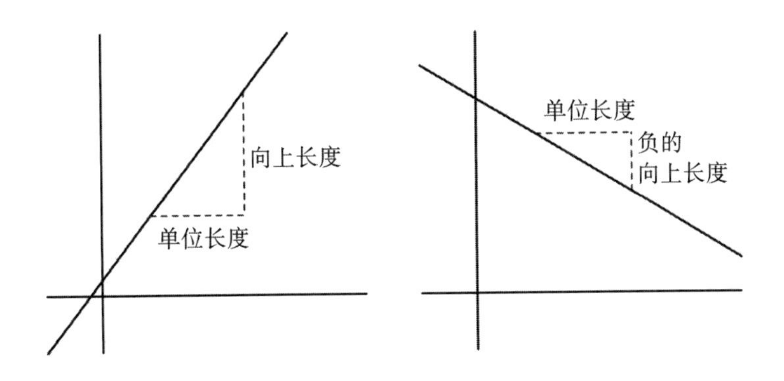

向右的移动不一定非得是刚好一个单位长度。按照比率的定义，如果在直线上任取两点，然后问，“垂直(向上)变化与水平(向右)变化的比率是多少?”，得到的数是一样的(有些书形象地描述为“平移的同时爬升”)。

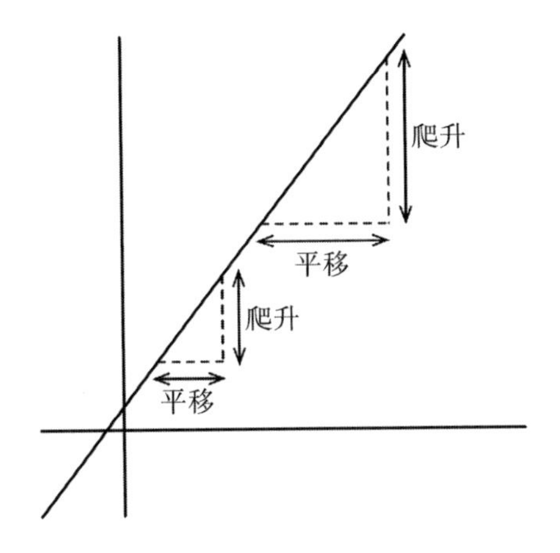

为了将其一般化，需要添加标记。有两种常用标记法。第一种标记“主”点 a 和相邻点 x；第二种标记“主”点 x 和相邻点 $x+h$。再标记相应的 f

值，就可以写出斜率表达式。

如果 x 换到 a 的左侧（或者 h 为负）会怎么样？对于斜率，得到的结果应该是一样的，也的确如此。如果你不确定，可以用代数方法检验一下，例如用函数 $f(x)=3x$ 验算。

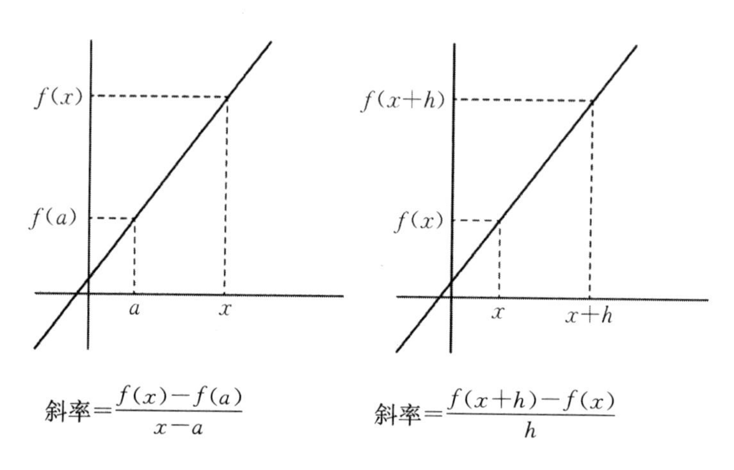

相同的标记也可以用于曲线（仍然同时展示两种标记法）：

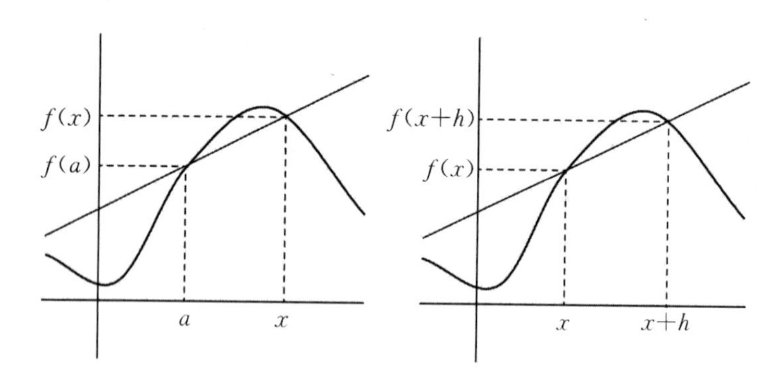

连接点 $(a, f(a))$ 和 $(x, f(x))$ 的直线不与曲线相切，[①] 这种直线称为割线。x 越靠近 a，割线就越接近切线（下面需要同时展示几个图，所以只用一种标记法）。

---

① 至少不具一般性——你能不能画一个曲线图，给出在曲线上某点构造切线的步骤？

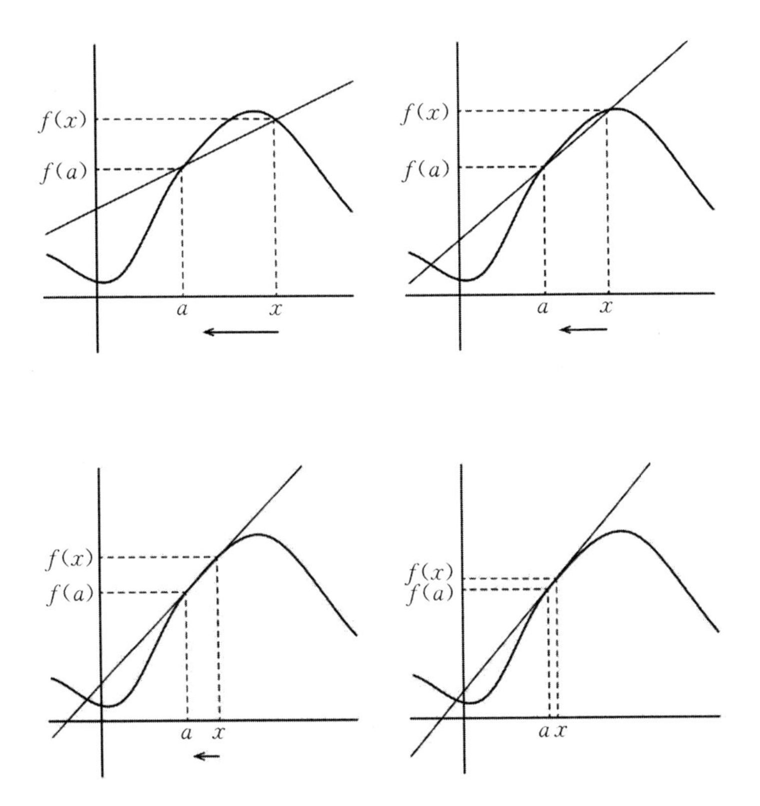

这就是数学家的思维方式。想象移动的点越来越趋近主点，拖动割线直到极限，割线“变成”切线。用公式表示为

$$f'(a)=\lim_{x\to a}\frac{f(x)-f(a)}{x-a}\text{或}\left.\frac{\mathrm{d}f}{\mathrm{d}x}\right|_{a}=\lim_{x\to a}\frac{f(x)-f(a)}{x-a}。$$

你可以尝试用另一组标记描述这个过程。

这还不是全部。这些公式描述了导数，但是在数学分析中，我们真正感兴趣的是可微性。因此，你会看到这样的定义：

定义：f 在 a 处可微当且仅当 $\lim\limits_{x\to a}\dfrac{f(x)-f(a)}{x-a}$存在。

定义：$f'(a)=\lim_{x\to a}\frac{f(x)-f(a)}{x-a}$，假设极限存在。

注意第一个关注的不是极限的值，而是极限的**存在性**。第二个定义了导数，但数学分析强调的是判定可微等性质，而不是计算，所以“假设极限存在”是关键：没有它，定义就不完整。如果要求是定义可微，而你只给出了极限的代数式，你给出的定义就不完整。

8.4 应用可微的定义

因此，可微关注的是极限是否存在。如果在某点不存在这个极限，函数在这点就不可微，所以研究在什么情况下极限不存在，可以告诉我们很多东西。在此之前，我们先将这个定义应用于一些常见的可微函数，以确认能否求出预期的导数。

考虑 f：$\mathbb{R}\to\mathbb{R}$ 函数 $f(x)=x^2+3x+1$。下面使用 x 和 $x+h$ 标记形式证明了这个函数的导数为 $f'(x)=2x+3$（阅读证明时，不要忘了 3.5 节的自我解释练习）。

断言：若 $f(x)=x^2+3x+1$，则 $f'(x)=2x+3$。

证明：$\forall x\in\mathbb{R}$ 有

$$\begin{aligned}\frac{f(x+h)-f(x)}{h}&=\frac{(x+h)^2+3(x+h)+1-x^2-3x-1}{h}\\&=\frac{x^2+2xh+h^2+3x+3h+1-x^2-3x-1}{h}\\&=\frac{2xh+h^2+3h}{h}\\&=2x+h+3,\end{aligned}$$

因此$\forall x\in\mathbb{R}$，有

$$f'(x)=\lim_{h\to0}\frac{f(x+h)-f(x)}{h}=\lim_{h\to0}(2x+h+3)=2x+3。$$

这个证明有几处值得注意。首先，在两个等式前明确写出了“$\forall x\in\mathbb{R}$”。这种做法很好，因为有些例子，不同的x值会给出不同结果，而且对于读者来说，说清楚我们在讨论什么比不说要好。其次，这个证明是在讨论极限之前，对差分除式$(f(x+h)-f(x))/h$进行代数推导。我建议你采用这种写法，因为不容易犯错。很多人把“lim”放在第一个表达式前面，然后就忘记了，结果写成这样：

$$\lim_{h\to0}\frac{f(x+h)-f(x)}{h}=\frac{(x+h)^2+3(x+h)+1-x^2-3x-1}{h}=\cdots。$$

这个等式是错误的：左边的极限不等于右边的式子。有些人最后想起来了，又在最后一个表达式前面加上“lim”，错上加错。这个错我自己也犯过，我发现要避免这种错误，最简单的方法是先推导代数，再讨论极限(从技术角度来说，这种做法也更好，因为我们最后才能确认极限是否存在)。第三，没有规定一定要使用第二种标记法，第一种也不错。最后，应该熟练掌握多项式消项，这样才能推导出期望的导数。

为了强调两个有用的技巧，下面用定义的另一个版本验证$g:\mathbb{R}\to\mathbb{R}$函数$g(x)=x^3$在0处的导数为0。

首先，我们可以单独处理点$a=0$。

断言：若$g(x)=x^3$，则$g'(0)=0$。

证明：注意到$\forall x\in\mathbb{R}$，有

$$\frac{g(x)-g(0)}{x-0}=\frac{x^3-0^3}{x-0}=\frac{x^3}{x}=x^2,$$

因此 $g'(0)=\lim\limits_{x\to 0}\dfrac{g(x)-g(0)}{x-0}=\lim\limits_{x\to 0}x^2=0$。

这个证明干净利落，它表明，如果我们只想知道一个点的导数，不需要应用定义获得完整的导函数。在这个例子中，其实很多东西都是 0，因此可以快速计算。

也可以求出 a 处的导数，然后代入 $a=0$。我们来试一试，顺便演示多项式快速除法。注意到

$$\frac{g(x)-g(a)}{x-a}=\frac{x^3-a^3}{x-a}。$$

许多人用烦琐的长除法处理这些表达式，我的老师教过我一种快速方法。

问题是，我们需要用什么乘以 $x-a$ 才能得到 x^3-a^3？换句话说，这个表达式中的“某个东西”是什么？

$$x^3-a^3=(x-a)(\text{某个东西})。$$

我们可以逐步往括号里加东西来得出答案。为了得到 x^3 项，我们需要乘 x^2：

$$x^3-a^3=(x-a)(x^2+\cdots)。$$

但是把右项乘出去会得到 $-ax^2$，我们不需要这个，所以我们需要生成一个 $+ax^2$ 项来抵消它。我们可以这样做：

$$x^3-a^3=(x-a)(x^2+ax+\cdots)。$$

这样乘右项又会得到一个$-a^2x$项。这个项我们也不想要，再想办法抵消它。这恰好就得出了最后的表达式；没有余项，因为$x-a$是x^3-a^3的因式：

$$x^3-a^3=(x-a)(x^2+ax+a^2)。$$

这样做多项式除法简单一些。你可以练习一下，用$x^4-9x^2+4x+12$除以$x-2$(看看能否用同样的方法彻底分解这个表达式)。当我们除以一个不是因式的单项式时会发生什么？如何得出余项？

回到前面的例子，我们现在可以写一个g的导数的一般性证明。

断言：若$g(x)=x^3$，则$\forall a\in\mathbb{R}$，$g'(a)=3a^2$。

证明：$\forall a\in\mathbb{R}$，有

$$\frac{g(x)-g(a)}{x-a}=\frac{x^3-a^3}{x-a}=x^2+ax+a^2,$$

因此$\forall a\in\mathbb{R}$，

$$g'(a)=\lim_{x\to a}(x^2+ax+a^2)=3a^2。$$

注意在断言和证明中是如何处理一般性的。你能想到其他方法吗？另外我们还可以添加一行：“特别是，$g'(0)=3\cdot 0^2=0$。”

n的更高次幂求导的一般性结果可以表述为一个定理：

定理：设$n\in\mathbb{N}$和f_n：$\mathbb{R}\to\mathbb{R}$函数$f_n(x)=x^n$，则$f_n'(x)=nx^{n-1}$。

这个通常用数学归纳法和微分乘积法则证明。如果你知道归纳法，可以自己试一试。

结束这一节之前探讨一下导数的意义与图的关联。说$g(x)=x^3$的导

数是 $g'(x)=3x^2$ 到底是什么意思？当我问这个问题时，同学们经常会犹豫不决，因为他们只是“知道”导数，没怎么思考过它的意义。

从局部思考，对于任意给定的 x，导数的值就是 g 的曲线在这一点的斜率。例如，g 在 -4 处的斜率是 $g'(-4)=3\times(-4)^2=48$(相当大的正数)。

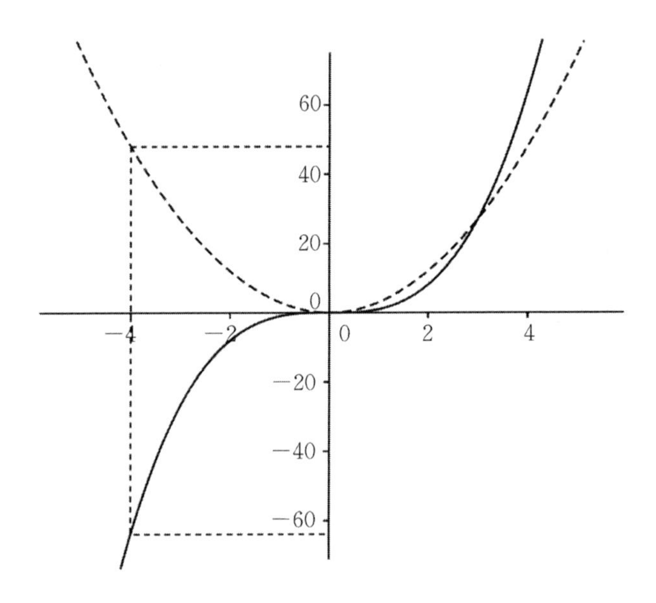

从全局思考，我们可以想象沿着 g 的曲线从左往右移动。曲线的斜率先是陡峭地往上——这体现为 g' 的高正值。然后斜率逐渐减小，直到瞬间变为水平——在 g' 取 0 值的位置。然后 g 的斜率开始递增，先是缓慢递增，但越来越快——这体现为 g' 的值开始递增，先是缓慢递增，但越来越快。

当然，g 和 g' 在 0 处相交只是巧合。函数 $h(x)=x^3-2$ 的导数也是一样的，所以也可以类似地思考。函数 $f(x)=x^2$ 该怎样思考？我之所以问这些问题，是因为很多同学知道求导，却不知道导数的意义。理解意义能让你学得更好。

8.5 不可微

8.4 节讨论的函数都可微，它们的导数可以用公式表示。因此，说“函数的导数”是有意义的，相当于将求导视为一个更高级的过程，原函数作为输入，导函数作为输出。但是要注意，可微的定义并不是针对整个函数，它讲的是函数在**某一点**是否可微。有时候这很重要，因为还有许多函数是在一些点可微，在一些点不可微。

8.1 节讲过的 f：$\mathbb{R}\to\mathbb{R}$ 函数 $f(x)=|x|$ 就是一个经典例子。可以证明它在 0 处不可微，因为沿不同方向趋近 0 时，差商趋近不同的极限(下面的证明用到了标记“$x\to0^+$”，读作“x 从正方向趋近 0”)。

断言：f：$\mathbb{R}\to\mathbb{R}$ 函数 $f(x)=|x|$ 在 0 处不可微。

证明：若 $x>0$，则

$$\frac{f(x)-f(0)}{x-0}=\frac{|x|-|0|}{x-0}=\frac{x}{x}=1,$$

因此

$$\lim_{x\to0^+}\frac{f(x)-f(0)}{x-0}=1。$$

若 $x<0$，则

$$\frac{f(x)-f(0)}{x-0}=\frac{|x|-|0|}{x-0}=\frac{-x}{x}=-1,$$

因此

$$\lim_{x\to0^-}\frac{f(x)-f(0)}{x-0}=-1,$$

$1\neq-1$，因此 $\lim\limits_{x\to0}\dfrac{f(x)-f(0)}{x-0}$ 不存在，f 在 0 处不可微。

在证明中看到 $|x|$ 被替换为 $-x$，是否有点不解？很多人都有。这个

替换的前提是 $x<0$，它是对的，因为 $|x|$ 的形式化定义如下：

定义：$|x|=\begin{cases} x, & 若\ x\geqslant 0, \\ -x, & 若\ x<0。\end{cases}$

如果你以前没有见过这个，验证一下它是否符合你对 $|x|$ 的理解，比如试一试 $x=-2$，然后再阅读证明。

第 7 章曾说过，$f(x)=|x|$ 在 0 处连续，意味着它在 0 处有一个极限。这和我们刚才说的不矛盾吗？不矛盾，因为这是两种不同的极限。当讨论连续性时，我们考虑的是函数值的极限：

定义：函数 f：$\mathbb{R}\to\mathbb{R}$ 在 $a\in\mathbb{R}$ 处**连续**当且仅当
$\lim\limits_{x\to a}f(x)$ 存在并且等于 $f(a)$。

当谈论可微性时，我们考虑的是差商的极限：

定义：f 在 a 处可微当且仅当 $\lim\limits_{x\to a}\dfrac{f(x)-f(a)}{x-a}$ 存在。

两个极限不一样。请确保自己清楚认识到了这一点。

另外请注意，如果从不同的方向趋近一个点时得到了不同的斜率，

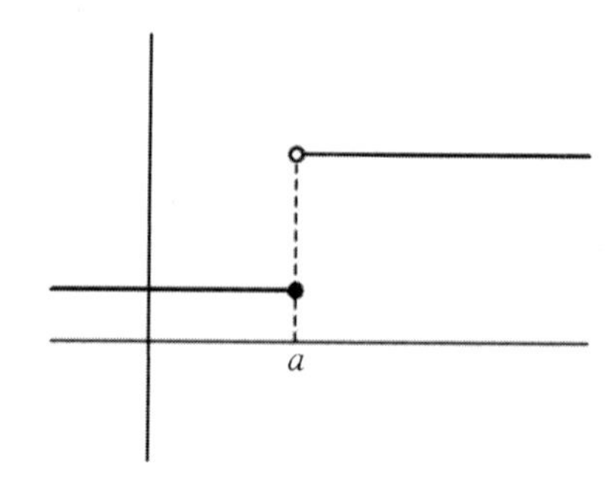

该点就不存在导数。这样的推理一般没什么问题，但可能会有一个副作用，一些人认为像这样的函数在 a 点的导数为 0。

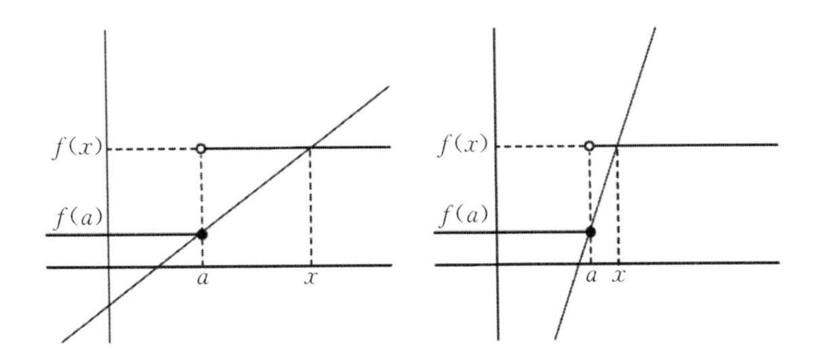

很容易看出这个错误是怎么来的：图的两边都是平的，所以无论从左侧还是右侧趋近 a，导数似乎都是 0。这是大错特错，通过添加正确的标记，将其严格与定义关联起来，你就会明白错在哪里。首先，注意 $f(a)$是两个值中较低的那个，一般用实心点表示。如果标记 a，a 右边的一点 x，以及 $f(x)$和 $f(a)$，就可以看出到底是怎回事。当 x 从右侧趋近 a 时，割线的梯度趋向无穷大——绝对不是 0。

有一个定理与这个问题有关联：

定理：若 f 在 a 处可微，则 f 在 a 处连续。

真命题的逆否命题[①]一定为真，这个定理的逆否命题是：若 f 在 a 处不连续，则 f 在 a 处不可微。前面的函数在 a 处不连续，所以在 a 处不可微。

真命题的逆命题则不一定为真。这个定理的逆命题是，若 f 在 a 处连续，则 f 在 a 处可微。这不成立：f：$\mathbb{R}\to\mathbb{R}$ 函数 $f(x)=|x|$就是反例。还可以回顾一下第 7 章的这些函数：

---

① 条件命题“若 A 则 B”的逆否命题是“若非 B 则非 A。”

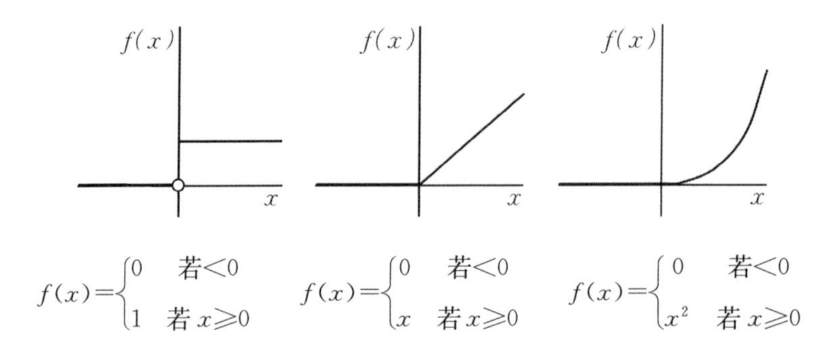

f(x)
x
$f(x)=\begin{cases}0 & 若<0\\ 1 & 若\ x\geqslant 0\end{cases}$
$f(x)=\begin{cases}0 & 若<0\\ x & 若\ x\geqslant 0\end{cases}$
$f(x)=\begin{cases}0 & 若<0\\ x^2 & 若\ x\geqslant 0\end{cases}$

第一个函数在 0 处不连续，所以它在 0 处不可微。第二个在 0 处连续，但是在 0 处不可微，这样的例子要多加注意。经常会有题目给出这类函数并要求给出导数。粗心的同学会忽视可微的问题，给出这样的答案：

$$f'(x)=\begin{cases}0 & 若\ x<0\\ 1 & 若\ x\geqslant 0\end{cases}。$$

意识到函数在 0 处不可微的同学才能给出正确答案：

$$f'(x)=\begin{cases}0 & 若\ x<0\\ 1 & 若\ x>0\end{cases}，f\ 在\ 0\ 处不可微。$$

请确保自己明白为什么后者是正确的。

第三个函数呢？在 0 处既连续又可微。从左侧趋近 0，函数值和差商都等于 0。从右侧趋近 0，函数值和差商也都趋近 0。可以代数推导检验；这样就解决了 7.3 节末尾提出的问题。

8.6 与可微函数有关的定理

在数学分析中，你会遇到许多与可微有关的定理，其中一些可能会合为一个定理，例如：

定理(导数的代数)：

设$c\in\mathbb{R}$且函数$f:\mathbb{R}\to\mathbb{R}$和$g:\mathbb{R}\to\mathbb{R}$在$a\in\mathbb{R}$处可微。则

1. $f+g$在a处可微，且$(f+g)'(a)=f'(a)+g'(a)$[求和法则]；
2. cf在a处可微，且$(cf)'(a)=cf'(a)$[乘常数法则]。

有些同学觉得把这个写出来有点多此一举，$(f+g)'(a)$和$f'(a)+g'(a)$明显是一回事。实际上这个定理的重点是**运算的顺序**。$(f+g)'(a)$是先将函数相加，再对结果进行微分。$f'(a)+g'(a)$是先对函数微分，再将结果相加。在很多数学领域，改变运算顺序不一定结果不变。有了这个定理就能确定，只要这些导数存在，改变运算顺序不会改变结果。

我经常用这个定理来打击同学们的自满情绪。在黑板上写下上面两条，然后又加上一条

fg在a处可微，且$(fg)'(a)=\cdots$。

让全班同学大声说出“等于”什么。几乎所有人都答“$f'(a)g'(a)$”。这是错的。你可能学过，**乘积法则**是这样：

3. fg在a处可微，且$(fg)'(a)=f(a)g'(a)+g(a)f'(a)$。

这会让大家打起精神。

证明乘积法则需要一点技巧，但是所有这些法则的证明都是直接使用定义，而且逻辑上不难，所以这里不再赘述。一旦建立了法则，就可以用来证明所有多项式函数处处可微。你可以自己尝试证明。

下面再给出一些定理，这些定理会引出数学分析中的许多结果，先

来看罗尔定理和均值定理(通常缩写为 MVT，Mean Value Theorem)。

罗尔定理：

设 f：$[a, b] \to \mathbb{R}$ 在 $[a, b]$ 上连续且在 (a, b) 上可微，并且 $f(a)=f(b)$，则 $\exists c \in (a, b)$ 使得 $f'(c)=0$。

均值定理(MVT)：

设 f：$[a, b] \to \mathbb{R}$ 在 $[a, b]$ 上连续且在 (a, b) 上可微，则 $\exists c \in (a, b)$ 使得 $f'(c)=\frac{f(b)-f(a)}{b-a}$。

罗尔定理在 2.6 节讨论过。不要往回翻——先尝试画图阐明每个定理的意义。均值定理的直观意义可能不明显，但如果正确添加标记，你应该就能明白这个定理说了什么，并直观地看出为什么它必然成立(后面会给出解释，但最好自己试一下)。

如果你画出来了，可能会注意到，罗尔定理其实是均值定理的特例——它的前提是 $f(a)=f(b)$，因此 $f(b)-f(a)=0$。受此启发，通常是将均值定理巧妙地简化为罗尔定理再证明。下面再次给出均值定理，并给出标准证明。现在请应用 3.5 节的自我解释练习读证明(有必要的话先复习一下练习方法——正确应用练习会理解得更深刻)。

均值定理(MVT)：

设 f：$[a, b] \to \mathbb{R}$ 在 $[a, b]$ 上连续且在 (a, b) 上可微，则 $\exists c \in (a, b)$ 使得 $f'(c)=\frac{f(b)-f(a)}{b-a}$。

证明：设 f 在 $[a, b]$ 上连续且在 (a, b) 上可微。

定义函数 d：$[a, b] \to \mathbb{R}$ 为

$$d(x)=f(x)-\left[f(a)+\frac{f(b)-f(a)}{b-a} \cdot (x-a)\right],$$

其中 $f(a)+\frac{f(b)-f(a)}{b-a}\cdot(x-a)$是 x 的多项式。

因此，根据连续函数和可微函数的求和和乘常数法则，d 在$[a, b]$上连续且在(a, b)上可微。

注意到 $d'(x)=f'(x)-\frac{f(b)-f(a)}{b-a}$，

以及

$$d(a)=f(a)-\left[f(a)+\frac{f(b)-f(a)}{b-a}\cdot(a-a)\right]=0$$

和

$$d(b)=f(b)-\left[f(a)+\frac{f(b)-f(a)}{b-a}\cdot(b-a)\right]=0。$$

因此罗尔定理可以在$[a, b]$上应用于函数 d。

因此$\exists c\in(a, b)$使得 $d'(c)=0$，即

$$f'(c)-\frac{f(b)-f(a)}{b-a}=0,$$

因此$\exists c\in(a, b)$使得 $f'(c)=\frac{f(b)-f(a)}{b-a}$得证。

如果仔细阅读了证明，你会发现代数推理其实很简单。a、b、$f(a)$和 $f(b)$都是常数，因此很容易求函数 d 的微分。你可能会对 d 的引入有点不解，很多同学都不知道为什么要引入一个复杂的 d 函数。需要从更全面的角度来考虑，才能领会引入 d 的妙处：变换为函数 d 后就可以应用罗尔定理；再变换回去正是所期望的关于 f 的结果。为了应用罗尔定理，我们需要满足它的前提，证明确证了这些前提，将两个定理关联到了一起。当然，还需要证明罗尔定理，这个留给你上课时再证。

可以通过逻辑和代数思考理解证明，但也可以从图中看出它为什么成立。注意 MVT 中的$(f(b)-f(a))/(b-a)$是连接点$(a, f(a))$和$(b, f(b))$的直线斜率。这个定理说的是，如果前提成立，在 a 和 b 之间有一

点 c，f 的斜率等于直线的斜率。

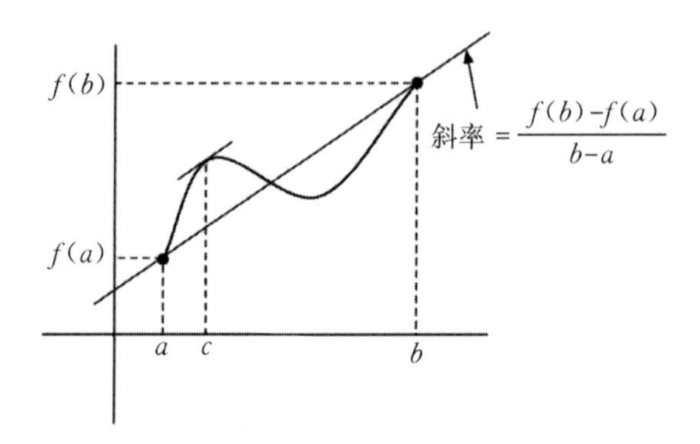

而等式

$$y=f(a)+\frac{f(b)-f(a)}{b-a}\cdot(x-a)$$

就是穿过点$(a，f(a))$和点$(b，f(b))$的那条直线（为什么?）。因此 $d(x)$ 其实是 $f(x)$ 与这条直线的高度差，对于给定的函数 f，可以画出 d 的草图。在 f 穿过直线的地方，d 等于 0，例如端点 a、b 处。

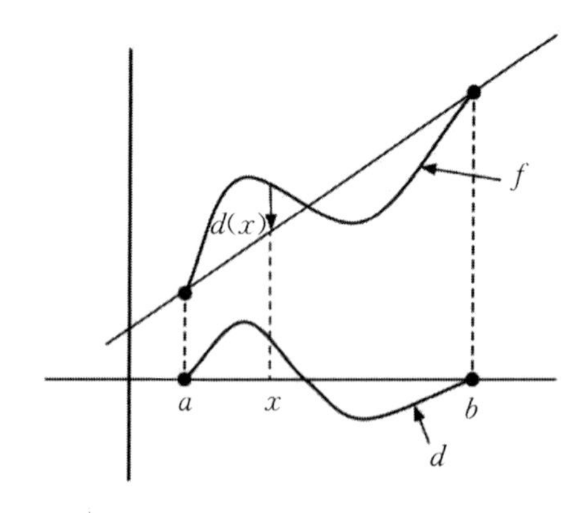

我建议你再读一遍证明，参考草图来改进你的自我解释。

通过这个练习，你将获得将逻辑论证与图联系起来的洞察力。我很喜欢这些图，因为它们不仅解释了为什么定理必须为真，还启发了证明的思路。并不是所有定理和证明都适合这样思考——例如，为反证法绘图通常很困难，因为反证法是从错误的假设出发。无论你喜不喜欢图，这种思考方式都值得一试。

这一节的余下部分探讨 MVT 的一些有趣应用。例如，我们可以从这个定理推出以下定理：

定理：设函数 f：$\mathbb{R}\to\mathbb{R}$ 可微，且 $\forall x\in\mathbb{R}$，$f'(x)=0$，则 f 为常函数。

请仔细思考一下这个定理说了什么。它并不是说，如果函数是常数，则斜率始终为 0。这很容易直接从定义证明(想想如何证明)。这个定理是它的逆命题：[①] 如果斜率为 0，则函数为常数。这好像显而易见，但它的证明并不显而易见，因为恒常性是全局性质，根据斜率推理函数值并不容易。MVT 为这个问题提供了一种解决方法，通过中间点的导数将函数值相互关联起来。

首先重写 MVT，将注意力集中于 $f(a)$和 $f(b)$的差(能不能看出为什么?)：

均值定理：

设 f：$[a, b]\to\mathbb{R}$ 在$[a, b]$上连续且在(a, b)上可微，则 $\exists c\in(a, b)$ 使得 $f(b)-f(a)=(b-a)f'(c)$。

再次给出恒常性定理，并给出证明。请应用自我解释，并想一想该如何解释证明策略。

① 2.9 节介绍了条件命题、条件命题的逆命题以及相关的逻辑问题。

定理：设函数 f：$\mathbb{R}\to\mathbb{R}$ 可微，且 $\forall x\in\mathbb{R}$，$f'(x)=0$，则 f 为常函数。

证明：设 $a\in\mathbb{R}$，$x\in\mathbb{R}$ 且 $x>a$，则 f 在 (a,x) 可微。

由于 $\forall x\in\mathbb{R}$，f 都可微，因此 f 必定在 $[a,x]$ 连续，因为在一点可微意味着在这一点连续。

因此根据 MVT，$\exists c\in(a,x)$ 使得 $f(x)-f(a)=(x-a)f'(c)$。

但根据定理的前提，$f'(c)=0$。

因此 $\forall x>a$，$f(x)=f(a)$。

类似地可以证明 $\forall x<a$，$f(x)=f(a)$。

因此 $\forall x\in\mathbb{R}$，$f(x)=f(a)$，即 f 为常函数。

这个证明包含对 $x<a$ 的类似论证，但没有具体给出来。引用类似论证相当常见，读者应该能够填补缺失的步骤。初学者值得自己试一试，这也能帮助你理解证明。

另外，还可以用类似的方法证明，如果函数的斜率始终为正，则函数一定是单调递增。你可以自己试一试。

8.7 泰勒定理

最后一节讲泰勒定理，很多人觉得这个很难，因为符号很多，表达式又很长，所以令人望而生畏。其实，如果能正确思考，它并不复杂，而且很有用。这一节将帮助你理解它，这样你在上课时就能领会到它的价值。

要理解泰勒定理首先要理解泰勒多项式。假设函数 f：$\mathbb{R}\to\mathbb{R}$ 和一个选定的感兴趣的点 a，则在 a 处的 n 阶泰勒多项式为

$$T_n[f,a](x)=f(a)+f'(a)(x-a)+\frac{f''(a)}{2!}(x-a)^2+\frac{f^{(3)}(a)}{3!}(x-a)^3+\cdots+\frac{f^{(n)}(a)}{n!}(x-a)^n。$$

这个公式看起来很复杂，其实并不复杂。$f^{(n)}(a)$表示 f 在 a 处的 n 阶导数，所以多项式中的每一项都具有相同的通项公式。[①] 请确保自己能看出这个模式。

这个公式其实是 x 的 n 阶多项式，其中很多东西都是常量：a 是常量，这意味着 $f(a)$、$f'(a)$和 $f''(a)$等都是常量，所以整个式子就是一堆常量乘以 x 的幂，最高次幂的指数是 n。这意味着 $T_n[f, a]$是 x 的函数：对于任意的 $x \in \mathbb{R}$，可以计算所有项的值并相加，$T_n[f, a](x)$随 x 变化。

所以泰勒多项式的结构其实很简单。之所以说它有趣，是因为有了它，我们就可以用多项式来逼近各种函数。我们用 $f: \mathbb{R} \to \mathbb{R}$ 函数$f(x) = \cos x$ 和选定点 $a = 2\pi/3$ 来演示一下，从 n 较小的泰勒多项式开始。

1 阶泰勒多项式为

$$T_1[f, a](x) = f(a) + f'(a)(x - a),$$

代入 $f(x) = \cos x$ 和 $a = 2\pi/3$ 得到：

$$\begin{aligned} T_1\left[\cos, \frac{2\pi}{3}\right](x) &= \cos\left(\frac{2\pi}{3}\right) - \sin\left(\frac{2\pi}{3}\right) \cdot \left(x - \frac{2\pi}{3}\right) \\ &= -\frac{1}{2} - \frac{\sqrt{3}}{2}\left(x - \frac{2\pi}{3}\right)。\end{aligned}$$

有些同学喜欢把最后一个式子化简，我建议不要这样做。在使用泰勒多项式时最好保留结构，这样容易看出与公式的关系。

求泰勒多项式一般不难，求导然后代进去就可以了。但它到底是什么呢？可以把它画出来。从函数 $\cos x$ 和 $T_1[\cos, 2\pi/3](x)$的图可以看出，$\cos x$ 的 1 阶泰勒多项式在 $a = 2\pi/3$ 处与 $\cos x$ 相切。

---

① 很多人在写这个的时候会忽略括号，写成 $f^3(a)$之类的东西。但 $f^3(a)$是 $f(a)$的立方，而 $f^{(3)}(a)$是 f 在 a 处的 3 阶导数，两者不是一回事。在数学中，精确很重要。

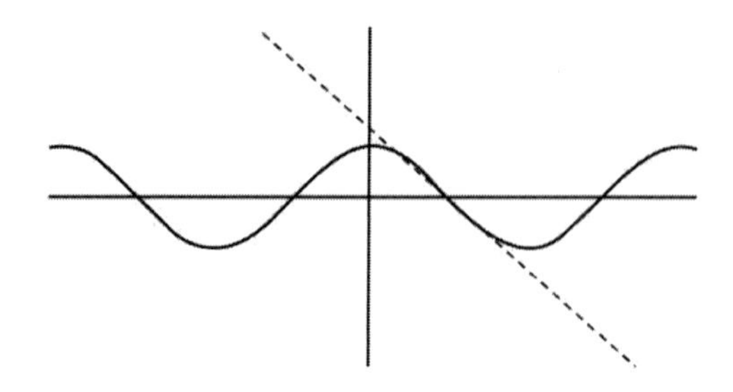

实际上，就一般情形来说，函数 f 的 1 阶泰勒多项式就是 f 在 a 处的切线。重新排列 $T_1[f, a](x)=f(a)+f'(a)(x-a)$ 可以得到

$$f'(a)=\frac{T_1[f, a](x)-f(a)}{x-a},$$

注意 $T_1[f, a](a)=f(a)$，这个公式表明 $T_1[f, a]$ 与 f 在 a 处有相同的值和相同的导数，$T_1[f, a]$ 的斜率等于 f 在 a 处的斜率。

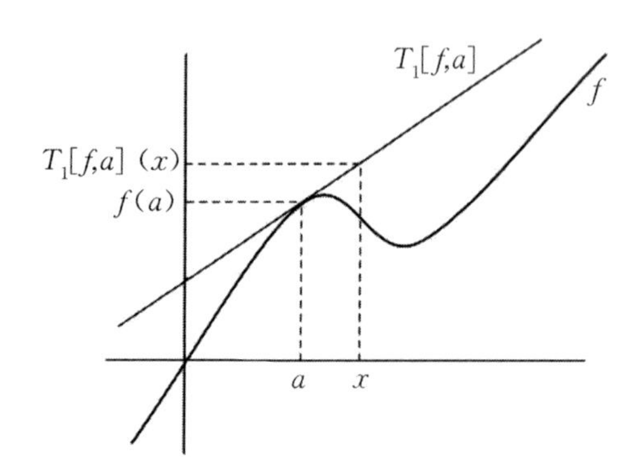

函数 f 的 2 阶泰勒多项式呢？它与 f 在 a 处有相同的值，相同的 1 阶和 2 阶导数。一般的 2 阶泰勒多项式是

$$T_2[f, a](x)=f(a)+f'(a)(x-a)+\frac{f''(a)}{2!}(x-a)^2,$$

代入 $f(x)=\cos x$ 和 $a=2\pi/3$(同样保持结构可见)得到：

$$T_2\left[\cos,\ \frac{2\pi}{3}\right](x)=\cos\left(\frac{2\pi}{3}\right)-\sin\left(\frac{2\pi}{3}\right)\left(x-\frac{2\pi}{3}\right)-\cos\left(\frac{2\pi}{3}\right)\left(x-\frac{2\pi}{3}\right)^2$$

$$=-\frac{1}{2}-\frac{\sqrt{3}}{2}\left(x-\frac{2\pi}{3}\right)+\frac{1}{2}\left(x-\frac{2\pi}{3}\right)^2。$$

画成图是这样：

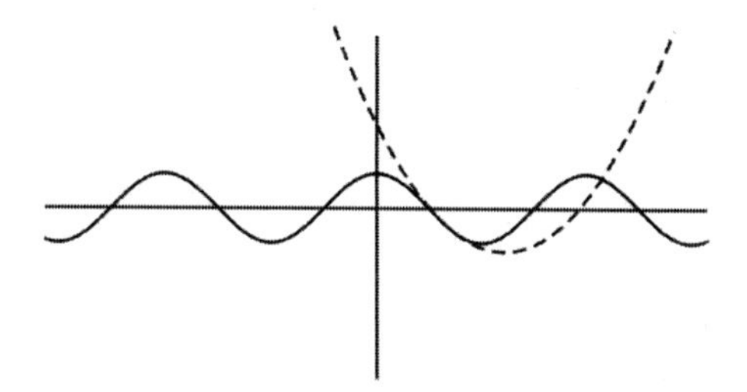

不难猜到继续下去会发生什么。下面是 3 阶泰勒多项式的图：

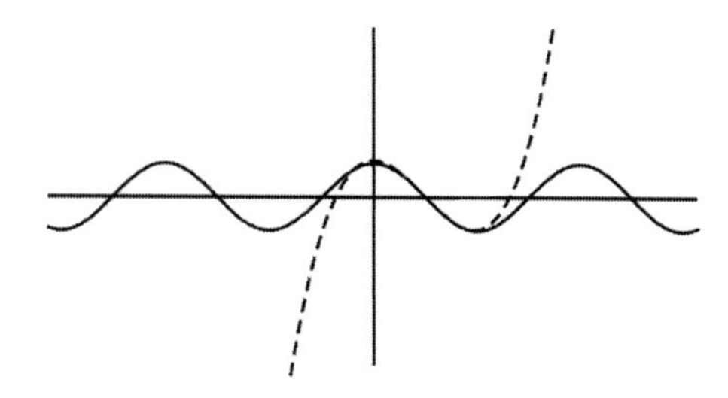

这是 30 阶泰勒多项式的图：

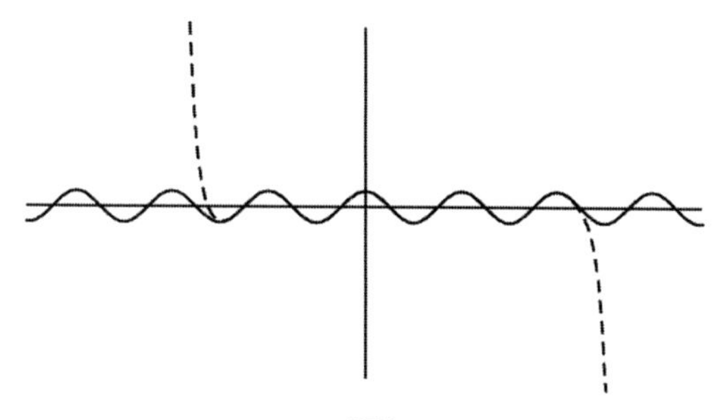

事实上，无论离 a 有多远，通过写出越来越多的项，我们可以得到想要多好就有多好的近似。如果可以取无穷多项，那么它们将完全吻合。这太酷了。理解了这一点，就能更好地理解泰勒定理。

泰勒定理：
设 I 是包含 a 和 x 的开区间，设 f 在 I 上 n 阶可微且 $f^{(n+1)}$ 在 I 上连续。则在 a 和 x 之间存在 c 使得

$$f(x)=T_n[f,\ a](x)+\frac{f^{(n+1)}(c)}{n!}(x-c)^n(x-a)。$$

这看起来也很吓人，但它的结构其实是这样：

泰勒定理：设一堆条件[①]成立，则 $f(x)$ = 泰勒多项式 + 另外一点东西。

“另外一点东西”通常被称为**余项**，这个定理的意思是函数值等于 n 阶泰勒多项式加上余下的所有东西。仔细观察余项会发现，如果 n 很大，而 $x-a$ 很小(这会迫使 $x-c$ 也很小——为什么?)，则余项会很小。换句话说，n 越大，x 越接近 a，值越近似。结合前面的内容，应该能认识到这个定理是合理的。

泰勒定理有许多表现形式，余项表达式略有不同。但所有形式都具有这样的性质，也就是说，这个定理告诉我们，如何通过让余项变小，用多项式来逼近函数。认识到这一点，你就能领会泰勒定理的直观意义。

8.8 前瞻

在典型的数学分析课中，讲解可微的章节除了涵盖这一章的内容，

① 这些条件是合理的。例如，如果想让公式中的导数存在，函数就必须 $(n+1)$ 阶可微。

还会有很多例子和所有定理的证明。学习可微特别有利于观察理论是如何构建的(3.2 节曾讨论过)：用极值定理(见 7.11 节)证明罗尔定理，又用罗尔定理证明均值定理，再用均值定理证明泰勒定理。这本书采取的是自顶向下的方式，给出定理，然后解释，你的老师也可能会采取自底向上的方式，首先进行相关的推理，定理作为结果自然呈现。

无论哪种方式，都会有很多地方涉及连续和可微函数的求和和乘积法则。你可以把这里介绍的一些思想应用于链式法则和洛必达法则，以及确定局部极值，也可以研究特定函数在特定点的泰勒级数，或者泰勒多项式不能给出很好近似的函数。

在多元微积分课中，可微和导数的概念会推广到双变量或更多变量的函数。这一章介绍的可微概念是针对曲线的函数，你可以思考一下曲面可微是什么意思。在向量微积分中还将学习如何在不同的坐标系中推广这些思想，以及如何解偏微分方程。

数学分析还会探讨可微和可积的关联。对于可微函数，这个关联很直接——微分和积分互为逆运算。但这到底是什么意思？不可微函数会有怎样的表现？回答这些问题需要正确思考可积的意义，可积将在下一章讨论。

9. 可积

这一章讨论可积的概念，它不同于积分；考察反导数与曲线下面积之间的关系，然后通过面积逼近建立可积的定义；给出不可积函数的例子，并展示黎曼条件（可积性检验）如何用于证明；最后解释微积分基本定理。

9.1 什么是可积？

这一章讨论可积，而不是积分。3.3 节曾说过，这是因为数学分析讨论的是微积分的基础。对于可积来说，这可能并不显而易见。你可能听说过，积分和微分互为逆运算。这没有错。你可能还听说过，积分就是求曲线下的面积。这也没错。但还有许多问题需要解决。

首先，为什么微分和积分互为逆运算？为什么求斜率或梯度与求曲线下的面积是“互逆”的？如果老师说什么你就信什么，从没有认真思考过它们的关系，你现在就应该认真思考。许多人一旦认真思考就会感到疑惑。斜率和面积是怎么关联起来的？它们似乎是截然不同的概念。数学不能随心所欲——这种关联不会因为某个权威任性地命令它存在而存在——所以一定有原因。而且原因并不显而易见，需要一些深奥的数学知识。

另一方面，以前我们做微分和积分时通常是针对由单个公式定义的简单函数。但是我们在第 7 和第 8 章见到了一些更复杂的函数，这就带来了一种可能性，微分和积分互为逆运算并不必然成立。例如，考虑如下函数(你很快就会知道为什么使用 t 而不是 x 作为变量[①])。

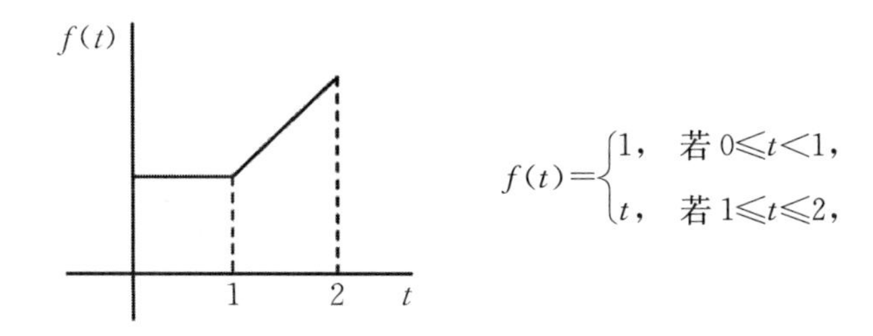

这个函数在 $t=1$ 处不可微。因此，它的微分不可能直接“对应”某个积分。但是讨论它的积分，或者 0 到任意的 $x\in[0, 2]$之间曲线下的面积，似乎是合理的。面积的计算可以用图和公式阐释(现在明白了为什么用 t 而不是 x 吧?)。可以想象 x 沿轴滑动，然后用简单的几何检验公式是否正确。

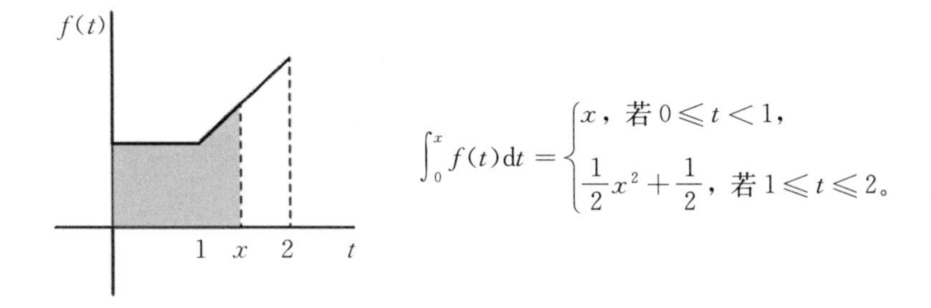

$f(t)$
1
x
2
t
$\int_0^x f(t)\mathrm{d}t=\begin{cases}x, & 若\ 0\leqslant t<1,\\ \frac{1}{2}x^2+\frac{1}{2}, & 若\ 1\leqslant t\leqslant 2。\end{cases}$

求面积与对函数 f 的公式进行积分有什么关系？你可以自己试试求积分。许多同学认为分段定义的函数的积分不难，直接对各段积分就可以，其

① 这没有问题，因为 $f(t)=3t$ 与 $f(x)=3x$ 或 $f(j)=3j$ 是一回事。同样的对象通常用同样的符号表示，这样可以帮助大家更快地理解新想法，但是如果有充分的理由使用其他符号，我们也不必坚持一定要使用某个符号。

实不然。如果你读过 8.6 节，应该知道这个函数在“联接”处不可微；虽然这个函数的分段特性不会破坏可积性，但需要小心处理结果中的常数。

然而，有些函数的可积性存在问题，比如 f：$\mathbb{R}\to\mathbb{R}$ 函数

$$f(x)=\begin{cases}1, & 若\ x\in\mathbb{Q},\\ 0, & 若\ x\notin\mathbb{Q}。\end{cases}$$

大多数同学都能认识到，讨论这个函数的“曲线下面积”是没有意义的。所以我们有必要对可积进行定义，这个定义要能把这个函数分类为不可积。9.5 节会对此进行讨论。

9.2 面积与反导数

在定义可积之前，我们先理清反导数与曲线下面积的关系。我们习惯认为函数有“一个”反导数，比如说“x^2 的反导数是 $x^3/3+c$”。但这不是一个函数，而是无限多个函数组成的函数簇，c 每取一个值就是一个函数。这是合理的，因为在一条特定的曲线下，也不是只有一个面积——从 a 到 x 的曲线下面积通常不会等于从 b 到 x 的曲线下面积：

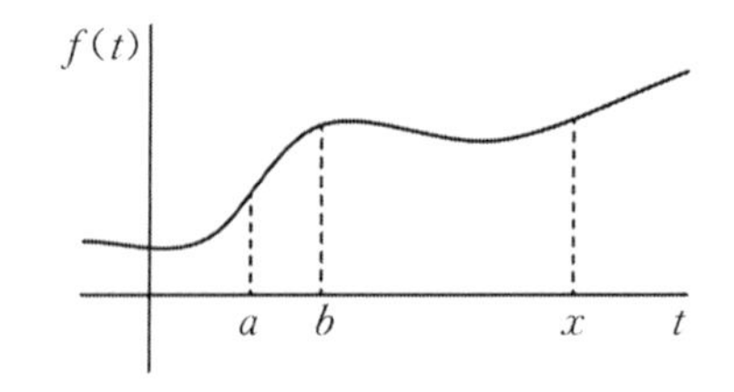

反导数和面积到底是怎么关联起来的呢？你可能以前想过这个问题，但刚开始学习数学分析的同学往往更关注计算而不是理解概念，因此回答不清楚。现在暂停一下，看看你是否可以。

要理清这个关联，可以从求面积着手。例如，考虑简单的 f：$\mathbb{R}\to\mathbb{R}$ 函数

$f(t)=3t$，对于这个函数，从 0 到任意点 x 的积分正好等于三角形的面积：

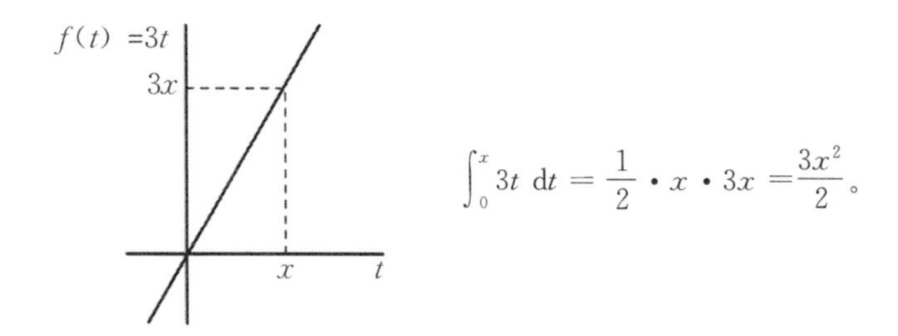

$$\int_0^x 3t\ \mathrm{d}t=\frac{1}{2}\cdot x\cdot 3x=\frac{3x^2}{2}。$$

因此，积分与求反导数得到的结果是一致的。但是面积只对应一个反导数，即常数等于 0 的反导数。如果不从 0 开始，而是在一个选定的数 a 和变量 x 之间对 f 进行积分，会发生什么？为了简单起见，让一切为正，且 $x>a$，得到：

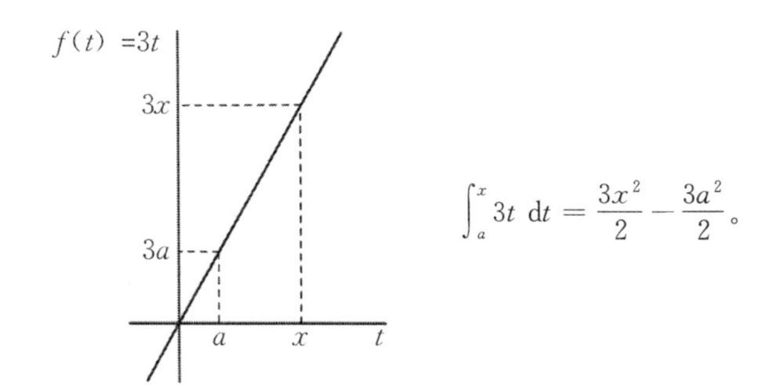

$$\int_a^x 3t\ \mathrm{d}t=\frac{3x^2}{2}-\frac{3a^2}{2}。$$

从 a 而不是 0 开始会砍掉一些面积。但是这部分面积是固定的，所以相当于从积分中拿掉一个常量(如果 a 为负呢?)。这就解释了为什么反导数是一簇只相差一个常量的函数。

另一种思考方式是看 x 动态变化时面积的变化率，也就是 x 增加单位长度，面积增加多少。终点从 x_1 变到 x_2，面积增加了一定的量——起点在哪并不重要，改变起点不会改变 x_1 和 x_2 之间的面积。这意味着在任何特定的点，面积的**变化率**只由这一点的位置决定——在下面的图中，x_3 和 x_4 之间的面积增加量大于 x_1 和 x_2 之间的面积增加量。因此 x_1 处的面积变化率或 x_3 处(更大)的面积变化率都是有意义的量。

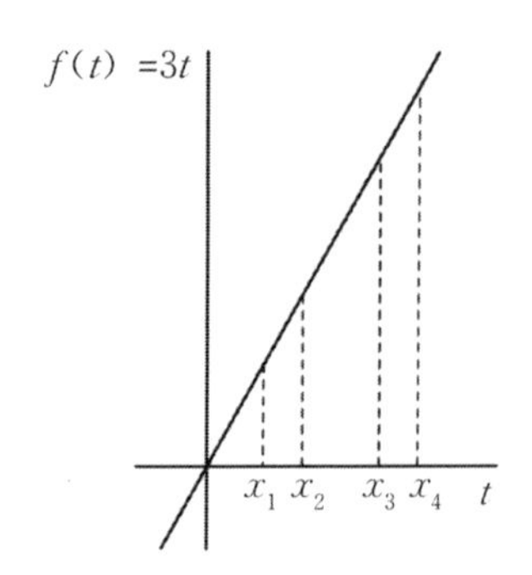

也就是说我们不仅可以考虑曲线下的面积，还可以考虑随着 x 的增加，面积的**变化率**，而变化率是用导数建模的，因此，面积与导数紧密关联是有道理的。建立合适的定义之后，在 9.8 节将明确建立这个关联。

9.3 面积的逼近

上一节中曲线下的面积形状太简单，我们希望能够处理更复杂的函数，例如弯曲的函数。如果你的第一反应是使用积分，要小心。这是循环论证，因为这等于说是通过面积求积分，再通过积分求面积。因此，有必要理清面积测量的问题。尽管我们对于曲线下的面积有直观的感知，但是获得该面积的数值并不是一件容易的事情——长乘宽是不可能做到的。

数学家通过逼近解决这个问题。对于 $\int_a^b f(x)\mathrm{d}x$ ，考虑如下图所示的面积估值，图中矩形的总面积提供了一个低估值(左边)和一个高估值(右边)。

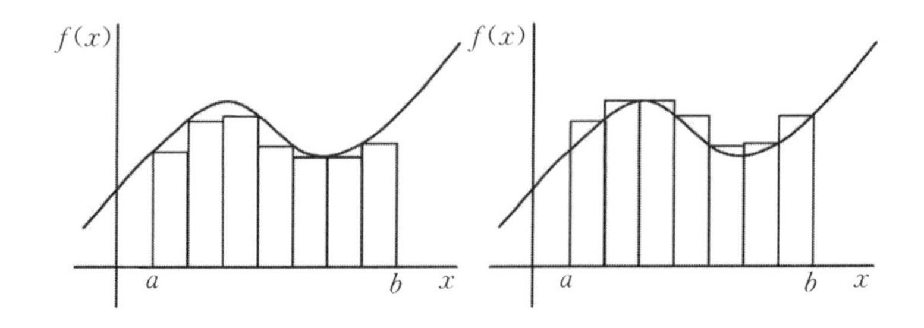

矩形越窄(通常)逼近越精确：[1]

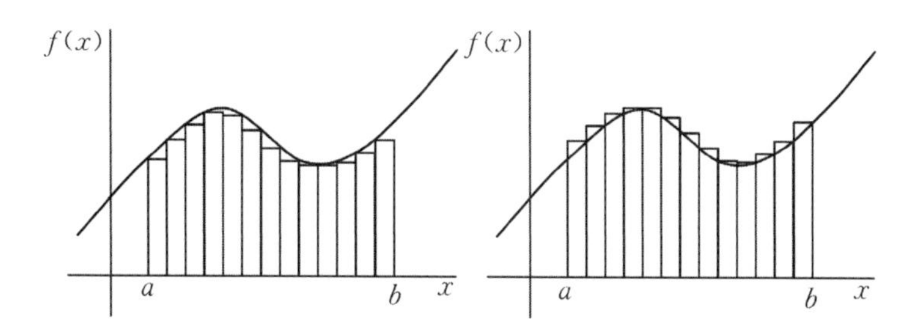

逼近无法给出面积的确切值，但我们的想法是，如果低估值和高估值都可以无限趋近某个特定的数 A，那么 A 就是曲线下的面积。类似的推理在分析中很常见——通过无限逼近获得一个极限值。这样就摆脱了循环论证：从有确切意义的面积开始——矩形的区域——然后用它们来**定义**具有弯曲边缘形状的**面积**。

大多数同学都认为用矩形逼近很符合直观。所以我们就基于它来形式化。不过这样做需要引入大量标记，这使得许多同学认为可积性很难。其实并不难。事实上，在初学阶段，与(例如)连续相比，可积在逻辑上更简单。所以我希望能让你认识到，这些标记刻画的正是前面给出的直观思想。

形式化的第一步是在有限的区间内考虑可积性。如果你读过第 7 和第 8 章，应该不会觉得奇怪——连续和可微也是先在某一点上定义的。在某一点上讨论可积没有意义，但这个思路仍然适用，因为有些函数在数轴的某些部分可积，而在其他部分不可积，所以在数学上通常关注函数在区间$[a, b]$上是否可积，因此，我们的策略是依次给出：

- 描述区间$[a, b]$如何分割的表达式；
- 单个矩形面积的表达式；

① 还有更复杂的逼近积分的方法，例如，梯形或辛普森积分法。但是使用矩形在代数上更简单，而且推理顺畅，所以这很可能是你在数学分析中会先遇到的方法。

- 单个高估值的表达式，称为上**和**(低估值怎么命名?)；
- 将面积 A 与上和关联的表达式；
- 区间上可积的定义。

其中每一步都会引入标记，同学们有时会因为没有理解某个步骤或混淆了两个步骤而感到困惑。形式化之后会再次给出这个表，以帮助理解整体构造。

9.4 可积的定义

分割区间$[a, b]$时通常将最左边的点标记为 x_0，然后依次往后标记，将最后一个点标记为 x_n。下面给出了分割的定义；在下图中，$n=5$，并且绘出了与分割$\{x_0, \cdots, x_5\}$关联的高估值矩形。

定义：集合$[a, b]$的一个**分割**是一个有穷点集$\{x_0, \cdots, x_n\}$，满足 $a=x_0<x_1<\cdots<x_{n-1}<x_n=b$。

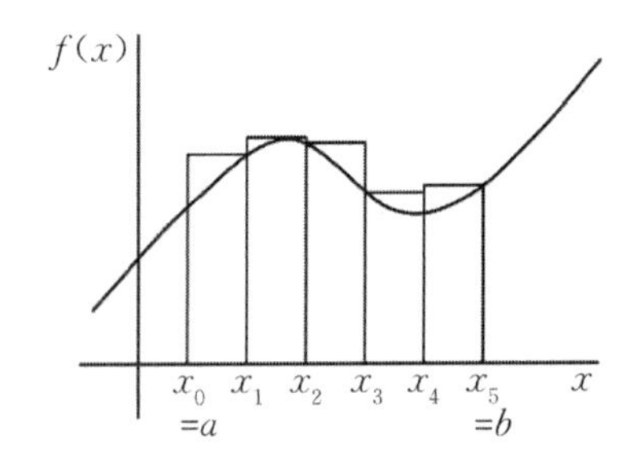

分割的定义有没有要求所有子区间的宽度相等？没有。在数学论证中经常设它们相等，但这只是为了便于计算。

求矩形的面积很简单。第一个矩形宽 x_1-x_0，后面依此类推。在上面的图中，它的高度是 $f(x_1)$，但并不必然如此——看其他矩形就知道为什么。对于一般子区间$[x_{j-1}, x_j]$，高度是该子区间上$f(x)$的最大值。[1] 通常会给这个高度起个名字，比如

$$令\ M_j = \sup\{f(x) \mid x_{j-1} \leqslant x \leqslant x_j\}。$$

其中“sup”是“上确界”的缩写，读作“令M_j为$f(x)$在x_{j-1}和x_j之间的上确界”。上确界的定义在 10.5 节；在这里，你可以继续直观地认为M_j是$f(x)$在子区间$[x_{j-1}, x_j]$上的最大值，只是没有定义那么精确(请阅读 10.5 节找出原因)。这样，第一个矩形的面积就是$M_1(x_1-x_0)$。你能不能在纵轴上标出M_1、M_2、M_3、M_4和M_5？其他矩形的面积是多少？为什么M_j的定义中用的是“$\leqslant$”而不是“$<$”？

有了单个矩形面积之后，就可以把它们相加，得到$\int_a^b f(x)\mathrm{d}x$的高估值。将高估值标记为“$U(f; P)$”，读作“P分割下f的上和”，写成公式：[2]

$$U(f; P) = \sum_{j=1}^{n} M_j(x_j - x_{j-1}),$$

其中$M_j = \sup\{f(x) \mid x_{j-1} \leqslant x \leqslant x_j\}$。

这个式子给出了我们想要的求和。如果觉得“$\sum$”式子难以理解，可以展开：

$$\begin{aligned} U(f; P) = \sum_{j=1}^{5} M_j(x_j - x_{j-1}) &= M_1(x_1-x_0) + M_2(x_2-x_1) \\ &+ M_3(x_3-x_2) + M_4(x_4-x_3) + M_5(x_5-x_4)。\end{aligned}$$

① 这里假设了函数在子区间上有最大值，这意味着函数必须有界。有时，在与可积有关的定义中会纳入有界性要求。

② “$\sum$”是大写希腊字母 sigma——如果你不熟悉$\sum$符号或者需要复习，请参阅 6.2 节。

对应的低估值称为**下和**，一般表达式为：

$$L(f;\ P)=\sum_{j=1}^{n} m_j(x_j-x_{j-1}),$$

其中 $m_j=\inf\{f(x)\mid x_{j-1}\leqslant x\leqslant x_j\}$。

“inf”是“下确界”的缩写(同见 10.5 节)。这些标记在其他地方的写法可能会不一样；例如，你的老师或课本可能使用不同的 $U(f;\ P)$标记，标记矩形的方式也可能不同。但原则是相似的，当你遇到的时候应该能够识别出来。

无论如何，这些定义都会给出上和和下和。上和就是一个数，公式虽然包含大量计算，但最终都是得出一个总面积。理解这一点很重要，因为有许多不同的分割方式，每个分割都有自己的上和。也许一个上和是 17，另一个是 18，还有一个是 18.5，等等。这些上和都是曲线下面积的逼近值，但是这个面积如何与它们关联起来呢？首先，积分 A 小于等于每个上和。其次，它将是具有该性质的最大数。换句话说，它将是所有可能的上和的集合的最大下界，也称为上和的下确界(同样，参见 10.5 节)：

$$A=\inf\{U(f;\ P)\mid P\text{ 为}[a,\ b]\text{的一个分割}\}。$$

A 和所有下和怎么关联？应该怎样表述？

最后，所有这些推理都假设面积 A 是有意义的。但是，只有无论用上和还是下和，得到的 A 值都相同，它才有意义。因此，可积的定义是：

定义：f 在区间$[a,\ b]$上可积，当且仅当

$\inf\{U(f;\ P)\mid P$ 为$[a,\ b]$的一个分割$\}=\sup\{L(f;\ P)\mid P$ 为$[a,\ b]$的一个分割$\}$。

作为这一节的结束，按承诺再次给出构建步骤。把书合上，你能不能绘图并重构所有表达式?

- 描述区间$[a,b]$如何分割的表达式;
- 单个矩形面积的表达式;
- 单个高估值的表达式，称为上和;
- 将面积A与上和关联的表达式;
- 区间上可积的定义。

9.5 不可积的函数

9.1 节曾提到，对于下面的函数，讨论曲线下的面积似乎没有意义(7.3 节曾说过这个函数的图无法精确描画，但虚线提供了一些直觉)。

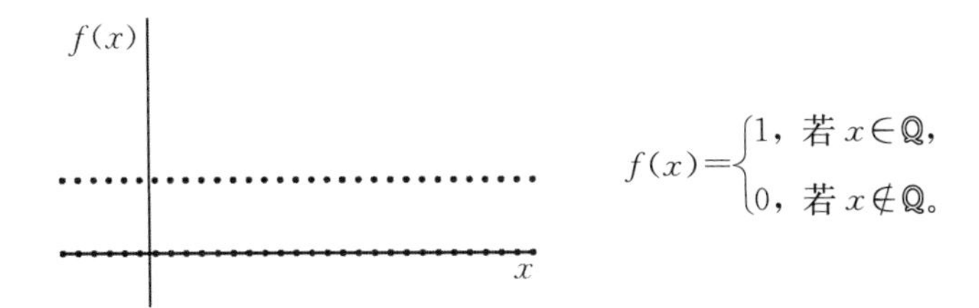

$$f(x)=\begin{cases}1, & \text{若 } x\in\mathbb{Q},\\ 0, & \text{若 } x\notin\mathbb{Q}。\end{cases}$$

这一节解释这一断言与形式化定义的关系。在往下阅读之前，请试着通过思考可积的定义来预测会怎么论证。我们会在哪一步遇到麻烦?

可积性需要在一个区间$[a,b]$上来讨论(假设$a\neq b$，否则就没什么可讨论的了)。设区间分割为$a=x_0<x_1<\cdots<x_{n-1}<x_n=b$。相应的上、下和是什么? 上和定义为

$$U(f;\ P)=\sum_{j=1}^{n}M_j(x_j-x_{j-1}),$$

其中 $M_j=\sup\{f(x)\mid x_{j-1}\leqslant x\leqslant x_j\}$，所有子区间都包含有理数，所以 M_j 等于 1。这意味着 $U(f;P)$ 展开后有很多东西会抵消：

$$U(f;\ P)=1(x_1-x_0)+1(x_2-x_1)+\cdots+1(x_{n-1}-x_{n-2})+1(x_n-x_{n-1})=x_n-x_0=b-a。$$

这个分割具有一般性，所以其他分割也会得到上和 $b-a$。因此上和的下确界是 $b-a$。形式化表示为

$$\inf\{U(f;\ P)\mid P\text{ 为}[a,\ b]\text{的一个分割}\}=b-a。$$

相应的下和定义为

$$L(f;\ P)=\sum_{j=1}^{n}m_j(x_j-x_{j-1}),$$

其中 $m_j=\inf\{f(x)\mid x_{j-1}\leqslant x\leqslant x_j\}$。

所有 m_j 必定为 0。为什么？为什么这又意味着

$$\sup\{L(f;\ P)\mid P\text{ 为}[a,\ b]\text{的一个分割}\}=0?$$

最后，对可积性定义而言，所有这些意味着什么？上和的下确界是 $b-a$，下和的上确界是 0，所以

$$\inf\{U(f;\ P)\mid P\text{ 为}[a,\ b]\text{的一个分割}\}\neq\sup\{L(f;\ P)\mid P\text{ 为}[a,\ b]\text{的一个分割}\},$$

也就是说 f 在 $[a,\ b]$ 上不可积。

你能不能用类似的论证证明所有非连续函数必定不可积？如果函数只有一点不连续呢？下一节讨论这类例子。

9.6 黎曼条件

你在课程中遇到的可积定义可能不仅仅是说“f 可积”，而是说“f 黎曼可积”。这侧面反映了还有其他方法定义可积和积分。这些通常是在更高级的课程中，所以这里不讨论，只是提醒你注意一些以黎曼命名的东西。

定理（黎曼条件）：

f 在 $[a, b]$ 上黎曼可积，当且仅当

对任意 $\varepsilon>0$，存在 $[a, b]$ 的分割 P，使得 $U(f; P)-L(f; P)<\varepsilon$。

表达式“$U(f; P)-L(f; P)$”是上和与下和之差，也就是图中顶部小方块的总面积。

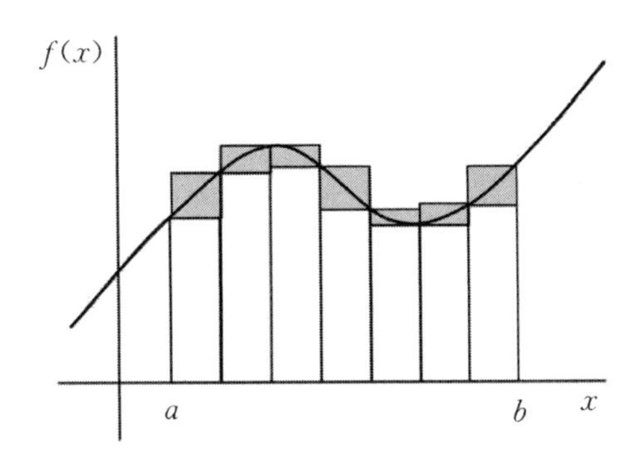

从直观角度来说，黎曼条件说的是，一个函数可积，当且仅当通过考虑不同的分割，可以使这个差想要多小就有多小。这里不证明黎曼条件的正确性——你应该思考一下它与定义的关联——只展示如何应用黎曼条件，并强调在思考上、下和时容易忽略的一个细节。考虑下面给出的

$f:[0,2]\to\mathbb{R}$ 函数。对于分割$\left\{0,\frac{1}{3},\frac{2}{3},1,\frac{4}{3},\frac{5}{3},2\right\}$，上、下和是多少，它们的差又是多少？

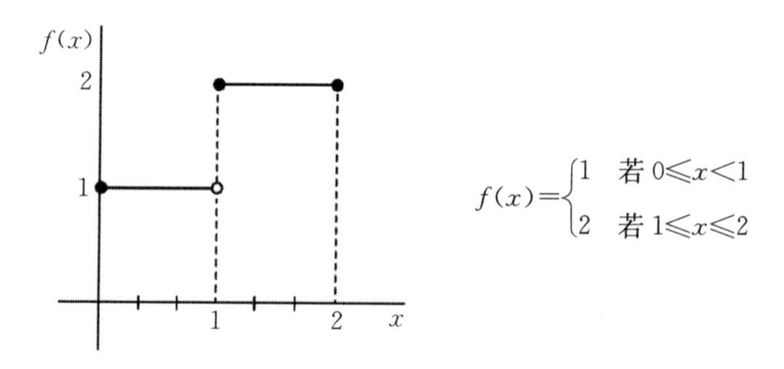

差为 0？错。很多人受图的整体外观误导，会犯这个错误。在继续阅读之前，请再思考一下。

下面是上和的直观表示。为什么 0 不对？关键在于子区间$[2/3,1]$包含了点 1，$f(1)=2$，所以 $\sup\{f(x)\mid 2/3\leqslant x\leqslant 1\}=2$，$U(f;P)-L(f;P)=1/3$。

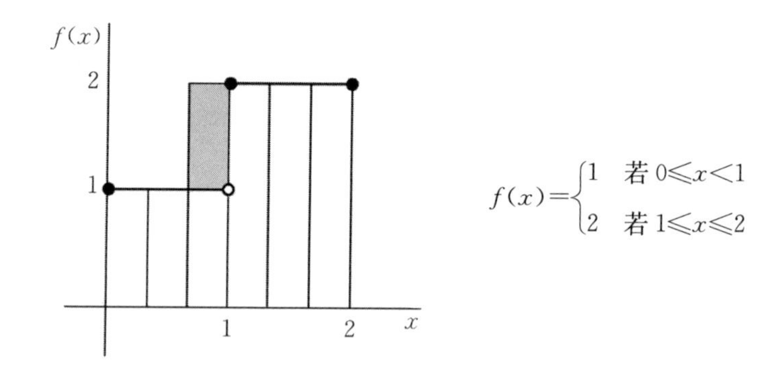

能不能通过不同的分割使$U(f;P)-L(f;P)$想要多小就有多小？答案是肯定的，你可以思考一下如何写出完整的证明（并不一定很长）。这样就满足黎曼条件，因此该函数在区间$[0,2]$上可积。所以可积函数不一定要连续。

在更高的层面上，就数学理论的构建而言，这里有些东西值得注意。

这里将黎曼条件描述为定理，你可能会见到它的证明。但这个定理有当且仅当结构，这意味着黎曼条件在逻辑上与可积的定义等价。因此，严格来说，黎曼条件可以作为定义，并用来证明原定义为定理。遇到这种情况，数学家会选择一个作为基础，另一个作为逻辑推演的结果。通常所有人都同意，但你也可能在不同的教科书中看到概念的变体。这并不是说其中某一个是错误的或过时的，只是表明存在这种逻辑等价关系。

9.7 与可积函数有关的定理

在初学阶段，关于可积的许多证明都是 3.2 节讨论的那种。例如，证明若 f 和 g 都在 $[a, b]$ 上可积，则 $f+g$ 也可积。这类证明或长或短，但通常只是在上、下和的定义中添加适当的内容，然后求和。对于这类断言和证明，这里给出一些阅读建议。

断言：若 f 在 $[a, b]$ 上可积，则 $3f$ 在 $[a, b]$ 上可积。

证明：设 f 在 $[a, b]$ 上可积，设任意的 $\varepsilon>0$。

根据黎曼条件，存在 $[a, b]$ 的分割 P，使得

$$U(f; P)-L(f; P)<\varepsilon/3。$$

现在根据定义，

$$U(3f; P)=\sum_{j=1}^{n} M_j(x_j-x_{j-1}),$$

其中 $M_j=\sup\{3f(x) \mid x_{j-1}\leqslant x\leqslant x_j\}$；

$$L(3f; P)=\sum_{j=1}^{n} m_j(x_j-x_{j-1}),$$

其中 $m_j=\inf\{3f(x) \mid x_{j-1}\leqslant x\leqslant x_j\}$。

另外，根据上确界和下确界的一般性质，$\forall j\in\{1, \cdots, n\}$ 有

$$\sup\{3f(x) \mid x_{j-1}\leqslant x\leqslant x_j\}=3\sup\{f(x) \mid x_{j-1}\leqslant x\leqslant x_j\}$$

和

$$\inf\{3f(x) \mid x_{j-1} \leqslant x \leqslant x_j\} = 3\inf\{f(x) \mid x_{j-1} \leqslant x \leqslant x_j\}。$$

因此

$$U(3f;\ P) = 3U(f;\ P)$$

且

$$L(3f;\ P) = 3L(f;\ P)。$$

因此

$$U(3f;\ P) - L(3f;\ P) = 3(U(f;\ P) - L(f;\ P)) < 3\varepsilon/3 = \varepsilon。$$

因此 $3f$ 在$[a, b]$上黎曼可积。

同以往一样，你应该思考如何推广这个断言和证明。如果 3 换成 6、-3，或者常数 c 呢？关于上确界和下确界的一般性质的结果为什么成立？怎么证明若 f 和 g 在$[a, b]$上可积，则 $f+g$ 也可积(可以参考 5.10 节收敛序列求和法则的证明)？

接下来的定理涉及的概念更多。

定理：设 f 有界且在$[a, b]$上单调递增，则 f 在$[a, b]$上黎曼可积。

我喜欢这个定理，因为基于黎曼条件的标准证明可以非常优雅地用图表示。在图中，上、下和之差(即顶部小方块的总面积)等于右边矩形的面积。矩形面积是$[f(b)-f(a)]$乘宽，因此通过使宽足够小，就能使它小于任何特定的 ε。所以满足黎曼条件，定理为真。

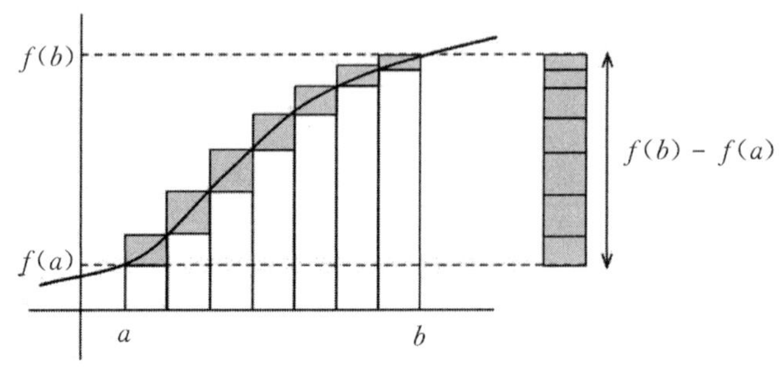

阅读证明时，请思考各部分与图的关系。

定理： 设 f 有界且在$[a，b]$上单调递增，则 f 在$[a，b]$上黎曼可积。

证明： 设任意的 $\varepsilon>0$。

注意 $f(b)-f(a)\geqslant 0$，因为 f 在$[a，b]$上单调递增。

选择 $N\in\mathbb{N}$ 使得

$$\frac{b-a}{N}(f(b)-f(a))<\varepsilon。$$

设 P_N 为分割$\{x_0，x_1，\cdots，x_N\}$且

$$\forall j\in\{1，\cdots，N\}，x_j-x_{j-1}=\frac{b-a}{N}，$$

由于 f 单调递增，$\forall j\in\{1，\cdots，N\}$有

$$\sup\{f(x)\mid x_{j-1}\leqslant x\leqslant x_j\}=f(x_j)$$

且

$$\inf\{f(x)\mid x_{j-1}\leqslant x\leqslant x_j\}=f(x_{j-1})。$$

因此

$$U(f；P_N)=\sum_{j=1}^{N}f(x_j)(x_j-x_{j-1})=\frac{b-a}{N}\sum_{j=1}^{N}f(x_j)，$$

且

$$L(f；P_N)=\sum_{j=1}^{N}f(x_{j-1})(x_j-x_{j-1})=\frac{b-a}{N}\sum_{j=1}^{N}f(x_{j-1})，$$

因此

$$\begin{aligned}U(f；P_N)-L(f；P_N)&=\frac{b-a}{N}\left(\sum_{j=1}^{N}f(x_j)-\sum_{j=1}^{N}f(x_{j-1})\right)\\&=\frac{b-a}{N}(f(x_N)-f(x_0))\\&=\frac{b-a}{N}(f(b)-f(a))\\&<\varepsilon。\end{aligned}$$

因此满足黎曼条件，f 在$[a, b]$上可积。

如果 f 在$[a, b]$上单调递减，这个定理的结论还成立吗？如果成立，证明要怎么改？这个定理中函数连续的条件是必需的吗？你肯定知道很多非连续函数，但你的大脑仍然会习惯思考连续函数，因为更熟悉。所以要时不时提醒自己，思考时不能限于常见情形。

9.8 微积分基本定理

前面非形式化地讨论了积分与微分的关系。微积分基本定理(通常简写为 FTC，Fundamental Theorem of Calculus)则是形式化地刻画这种关系。如果你系统学习过微积分，可能见过 FTC 的证明。微积分课程中的证明往往会做大量假设，数学分析则会基于各种定义和定理严格地构建这些假设。

然而，数学分析课往往推进得很快，许多同学在真正理解这个定理之前就匆匆掠过了 FTC 的证明。这里将帮助你透彻理解 FTC 的意义和证明。

微积分基本定理：

设 f 在$[a, b]$上可积，令 $F(x)=\int_a^x f(t)\mathrm{d}t$ 。则

1. F 在$[a, b]$上连续；
2. 若 f 在$[a, b]$上连续，则 F 在$[a, b]$上可微且 $F'(x)=f(x)$。

下面的图可以帮助我们理解定理前提中的标记以及 f 与 F 的关联：

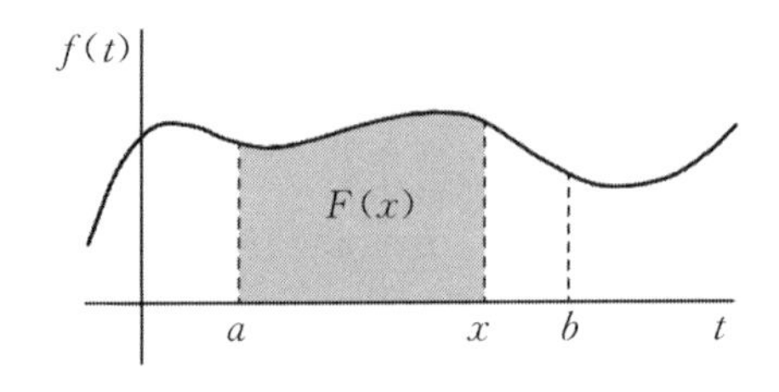

使用相同的标记，通过思考一般函数 f 和关联函数 F 的逼近，可以直观理解为什么积分和微分互为逆运算。根据 8.4 节，F 的导数定义为：

定义：$F'(x)=\lim\limits_{h\to 0}\dfrac{F(x+h)-F(x)}{h}$，前提是这个极限存在。

再来看下面的图和论证。随着 $h\to 0$，逼近会越来越好，使得在极限下 $F'(x)=f(x)$ 这个结论似乎是合理的。

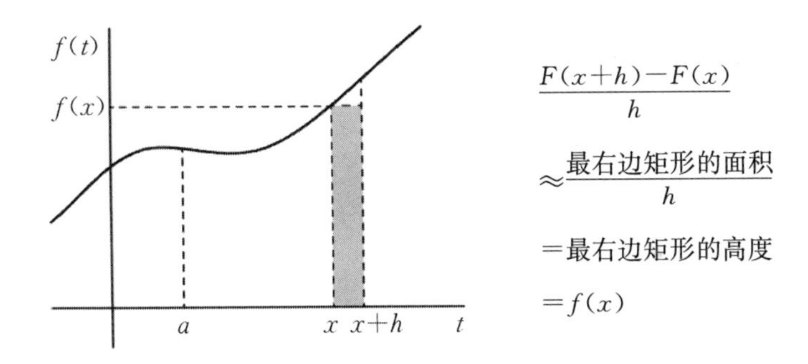

因此，FTC 与积分和微分互为逆运算的断言是一致的。但 FTC 还说了一些更精确和复杂的东西——关于函数 f 和它的积分 F 的关联的结论依赖于 f 的性质，这个你以前可能没注意过。

具体例子能帮助准确理解 FTC 的意义，比如 f：$[0,2]\to\mathbb{R}$ 函数

$$f(t)=\begin{cases}1 & 若\ 0\leqslant t<1\\ 2 & 若\ 1\leqslant t\leqslant 2\end{cases}。$$

9.6 节讨论过这个函数，它在 1 处不连续，但在$[0,2]$上可积。因此，符合 FTC 的前提。对应的积分 F 的图可以澄清 FTC 的两部分的含义。

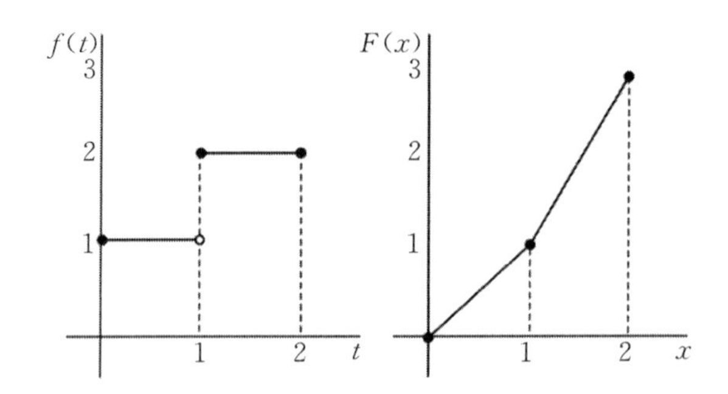

首先验证 F 的图是正确的。在$[0, 1]$区间，f 的曲线下面积以恒定速率增加，在 $x=1$ 时积分 F 必须等于 1。在$[1, 2]$区间，f 的曲线下面积也以恒定速率增加，但速率增加一倍，在 $x=2$ 时积分 F 必须等于 3。

然后思考 FTC 的第 1 部分，简单说，若 f 可积，则 F 连续。f 的图形在 $x=1$ 处有跳跃，但这并不会导致 F 也跳跃，因为当 x 通过值 1 时，面积不会跳跃增加。所以 F 连续，虽然 f 不连续。这应该能让你理解为什么 FTC 的第 1 部分是合理的。

FTC 的第 2 部分说的是，若 f 连续，则 F 可微。在这个例子中，f 在 1 处不连续，F 在 1 处不可微：F 的图在 $x=1$ 处有“角”。这正好澄清了为什么 FTC 的第 2 部分需要额外的连续性条件：若 f 不连续，则 F 的斜率可能会突然变化。总之，在这个例子中，微分和积分不是直接互为逆运算。在之前学习微分和积分时，大多数函数都是处处连续，因此这种思维对于学习数学分析的许多同学来说是新的。

FTC 的证明将极限、连续、可微和可积的概念联系到了一起。要证明第 1 部分，F 连续，需要证明 F 符合连续的定义（见 7.4 和 7.5 节）。也就是说，要证明对所有 $c\in[a, b]$，

$$\forall \varepsilon>0,\ \exists \delta>0,\text{使得若}|x-c|<\delta,\text{则}|F(x)-F(c)|<\varepsilon。$$

要证明第 2 部分，对所有 $c\in[a, b]$，F 可微，且 $F'(c)=f(c)$，则需要

证明 F 符合可微的定义(见 8.4 节)。这意味着要证明对所有 $c\in[a, b]$，

$$\lim_{x\to c}\frac{F(x)-F(c)}{x-c}=f(c)。$$

这里又需要用到极限的定义(见 7.10 节)，也就是说，要证明对所有 $c\in(a, b)$，

$$\forall\varepsilon>0,\ \exists\delta>0,\text{使得若 }0<|x-c|<\delta,\text{则}\left|\frac{F(x)-F(c)}{x-c}-f(c)\right|<\varepsilon。$$

证明最后这个命题并不像看起来那么难——最后一个式子可以通过思考 $F(x)-F(c)$ 的含义和利用一些巧妙的代数来简化。的确还有一些微妙之处需要处理，你的课程在给出证明时可能需要考虑这些。但是，这一节的阐释应该会让你更容易理解证明。

9.9 前瞻

数学分析课将涵盖这一章的内容，并填补许多空白。就像 9.4 节说的，它可能使用定义的变体，但逼近的思想是差不多的，定义的引入可能会有所不同。在这里，我们是抽象地处理函数和图，但是你的老师可能会先给出某个应用场景，例如根据速度随时间的变化估算行进距离，或者根据拉伸弹簧时力的变化估算耗费的能量。现在你应该能思考这些概念与这一章介绍的抽象概念的关系。

可积的概念在其他课程中还会继续扩展，有些课程会将它扩展到其他域。这里涉及的域都是实数的闭区间子集；多元微积分则会考虑多变量函数的积分。例如某个 f：$\mathbb{R}^2\to\mathbb{R}$ 函数，以 (x, y) 形式的点作为输入，返回实数作为输出，它的图可以画成三维曲面。对于这种情况，积分域是平面的子集，积分可以视为曲面下的体积，那么该怎么计算上和和下和?

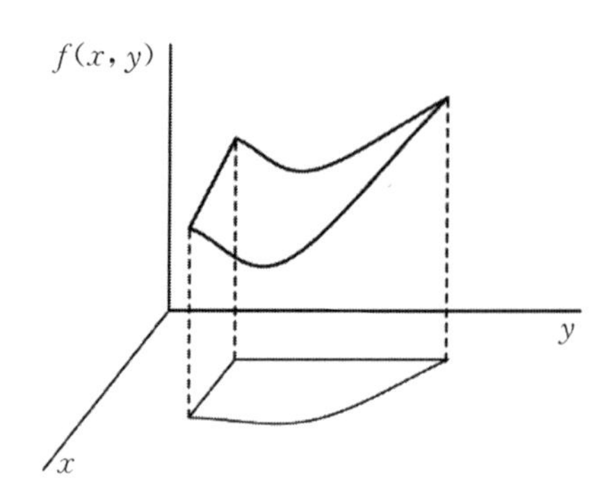

还可以往其他方向扩展，例如定义 f：$\mathbb{C}\to\mathbb{C}$ 函数，这为积分带来了更多可能性。复分析会介绍如何在复平面上沿曲线积分，这自然会引入更多变化，因为有许多不同的曲线连接任意两点。复分析非常优雅，它证明了对于一些重要的函数类型，无论沿什么路径积分，结果都是一样的，这意味着在同一点开始和结束的曲线环积分必定为 0。对于某些函数，可以简单地通过计算某些点的函数值来求积分。这些结果还可以反过来应用于实值函数：一些用常规方法难以计算的实积分，可以先对复平面上的半圆进行积分，半圆的直边为实数轴的一部分，然后取极限使直边成为整个实数轴，再由复积分推导出沿实数轴的积分。

最后，正如 9.6 节提到的，你可能还会学习不同类型的可积。例如，在测度论中，你可能会学习勒贝格可积。一些不是黎曼可积的函数是勒贝格可积的，例如 9.5 节的 f：$\mathbb{R}\to\mathbb{R}$ 函数：

$$f(x)=\begin{cases}1，若 x\in\mathbb{Q}，\\0，若 x\notin\mathbb{Q}。\end{cases}$$

我们证明了这个函数在任意区间$[a, b]$上都不是黎曼可积。但它是勒贝格可积，根据有理数在数轴上的分布，它的勒贝格积分为 0。这类主题更为高级，第 10 章会对有理数进行初步探讨。

10.
实数

这一章介绍有理数和无理数以及它们与小数展开的关系；讨论了实数公理，并通过实数和有理数的区别，以及关于序列和函数的结论的直观证明，解释了为什么需要完备性公理。

10.1　关于数，你不知道的事情

你很了解数。你可能认为高等数学的重点不是数，而是一般性的公式和抽象关系。在某种程度上，这是对的。通常数学专业的课程才会深入研究数论，一般是从整数的整除性质开始。你知不知道一个整数能被 3 整除当且仅当它的数位和能被 3 整除？你知道为什么吗？这类知识很有趣，但并不只是为了满足好奇心；它关系到十进制系统的基本性质。学习这些相当于以 3.3 节所讨论的“自底向上”的方式拓展知识。而数学分析是“自顶向下”，关注的是实数的基础理论。

下面是一个数的两种表示：

$$1/7=0.142857142857142857\cdots$$

注意小数部分是**重复的**(或者说**循环的**)，这是巧合吗？还有其他数具有这种性质吗？

所有人都认为小数表示很自然，它们在计算器上就是这样显示的。会用计算器很重要(我是很认真地说——当人们不使用计算器时，会犯很多错误)，但是在数学分析中你不需要它。我的学生都知道在我的课堂上用计算器会被没收。这部分是因为心算往往更快，部分是因为数学分析要求学生对数有更成熟的认识。我最近安排了一场考试，其中一个问题的答案是(e－1)/6。许多同学得出这个答案后，拿出计算器算出了最终答案 0.28638030。然而，更聪明的会直接用(e－1)/6 作为答案。在数学上，(e－1)/6 已经是一个很完美的数。实际上，无论给出多少小数位，都更不精确。

我之所以不准学生使用计算器，是因为在大多数情况下，数学分析关注的不是具体的数字，而是数背后的结构。计算器会模糊这些结构——你得到了答案，但不明白它为什么正确。点击计算器上的按钮“1÷7＝”将返回前 8 位或 10 位，可能都不足以显示出循环模式。使用电脑上的代数软件可以得到更多数位，甚至显示出模式，但也不能解释为什么会出现这种模式。在高等数学中，我们感兴趣的是**为什么**，而且对这个例子的解释其实很容易理解。

10.2 小数展开和有理数

1/7 的小数展开出现循环并非巧合。这是因为 1/7 是**有理数**。所有有理数的集合用 $\mathbb{Q}$ 表示，定义如下：

定义：$x\in\mathbb{Q}$ 当且仅当 $\exists\, p$，$q\in\mathbb{Z}$(其中 $q\neq 0$)使得 $x=p/q$。

这个定义可以非形式化地表述为，x 是有理数当且仅当它可以被写成一个“分数”。这样想是可以的，但是要小心歧义，在日常用语中人们习惯认为分数小于 1，而定义并没有这个限定。例如，32800/7 就是一个完美的有理数，它的小数展开也有循环：

$$32800/7=4685.714285714285714285\cdots。$$

事实上，它不仅循环，而且与 1/7 的循环一样：每 6 位重复一次，重复的数字相同，顺序也一样。这显然不是巧合。那为什么会这样呢？

做长除法可以回答这个问题。我不知道现在的小学老师怎么教长除法，我以前学的是这样的，不优雅但简短：

1 除以 7 行不通。	$\begin{array}{l} \ \ 0. \\ 7\overline{)1.\ 0\ 0\ 0\ 0\ 0\ 0\ 0} \end{array}$
10 除以 7 得 1 余 3。	$\begin{array}{l} \ \ 0.1 \\ 7\overline{)1.\ 0\ {}^{3}0\ 0\ 0\ 0\ 0\ 0} \end{array}$
30 除以 7 得 4 余 2。	$\begin{array}{l} \ \ 0.1\ 4 \\ 7\overline{)1.\ 0\ {}^{3}0\ {}^{2}0\ 0\ 0\ 0\ 0} \end{array}$
20 除以 7 得 2 余 6。	$\begin{array}{l} \ \ 0.1\ 4\ 2 \\ 7\overline{)1.\ 0\ {}^{3}0\ {}^{2}0\ {}^{6}0\ 0\ 0\ 0} \end{array}$
60 除以 7 得 8 余 4。	$\begin{array}{l} \ \ 0.1\ 4\ 2\ 8 \\ 7\overline{)1.\ 0\ {}^{3}0\ {}^{2}0\ {}^{6}0\ {}^{4}0\ 0\ 0} \end{array}$
40 除以 7 得 5 余 5。	$\begin{array}{l} \ \ 0.1\ 4\ 2\ 8\ 5 \\ 7\overline{)1.\ 0\ {}^{3}0\ {}^{2}0\ {}^{6}0\ {}^{4}0\ {}^{5}0\ 0} \end{array}$
50 除以 7 得 7 余 1。	$\begin{array}{l} \ \ 0.1\ 4\ 2\ 8\ 5\ 7 \\ 7\overline{)1.\ 0\ {}^{3}0\ {}^{2}0\ {}^{6}0\ {}^{4}0\ {}^{5}0\ {}^{1}0} \end{array}$

到这一步就开始循环了，因为余数和前面的被除数一样。事实上，这是必然的，因为当整数除以 7 时，非 0 余数只有 6 种可能。所以在数字开始循环之前，最多有 6 位余数。

这个观察结果很容易一般化：当除以 $q\in\mathbb{N}$ 时，最多存在$(q-1)$种可能的非 0 余数，所以数位的重复周期最多只能是 $q-1$。

这并不意味着周期就一定是 $q-1$。例如，

$$8/11=0.72727272\cdots \quad 和 \quad 2/3=0.66666666\cdots。$$

有些有理数在某个数位之后会得到余数 0，例如，

$$7/8=0.8750000\cdots，写作 7/8=0.875。$$

因此有理数的小数展开要么循环要么终止。这个知识很重要，解释也很简单。不过还可以更进一步，借鉴以前反复问过的问题：反过来成立吗？每个循环小数展开都代表一个有理数吗？

答案也是肯定的。最简单的方法就是给出一个具体的数，然后应用类似 6.4 节用于几何级数的论证。

设 $x=57.257257257257\cdots$，

则 $1000x=57257.257257257257\cdots$，

因此 $1000x-x=57200$，

即 $999x=57200$，

因此 $x=57200/999$。

这个论证适用于任何[①]循环小数展开(怎么做?)。因此，有理数就是由循环小数展开的数。这个知识更重要——它说明数的性质与其表示形

① 6.1 节论证中的潜在问题在这里不会引起麻烦。要了解其中原因，请参阅 6.3 节并注意到 $x=\frac{572}{10}\left(1+\frac{1}{10^3}+\frac{1}{10^6}+\cdots\right)$。

式之间存在某种基本关系。我认为没有让同学们更早地理解它是一个遗憾，理解它所需的数学非常简单。当然要学的东西还有很多。

就小数展开来说，还有一些所有本科生都应该掌握的知识。例如：

$$0.99999999\cdots=1。$$

这经常会让人们感到不安。直觉告诉他们 0.999999999…比 1 小一点点，因为他们想象着列写这个数，添加 9 的过程“永远不会结束”，而写出的数“永远不会变成 1”。当然，像 0.99999999 这样的数确实比 1 小，但它只有有限位。当数学家写“0.99999999…”或“$0.\dot{9}$”时，他们不会想象列写 9 的过程。这些符号意味着无限多个 9 已经存在。那么，0.99999999…和 1 的差是多少？只能是 0，这意味着两个数是相等的。

不过，直觉是很顽固的，所以这里给出几个方法来战胜它。喜欢代数的人可能会喜欢这个：

设 $x=0.99999999\cdots$，

则 $10x=9.99999999\cdots$，

因此 $10x-x=9$，

即 $9x=9$，

因此 $x=9/9=1$。

还有更简单的算术。所有人都同意

$$1/3=0.33333333\cdots,$$

现在将两边乘以 3。

这些不是骗人的把戏，只是很多直觉都是基于对有限事物的经验，当人们开始思考无限时——这里是无限小数展开——经验就不适用了。事实上，这些思想可以与无限序列的极限关联，因为小数展开可以视为一个序列的极限，序列的每一项多一位数：例如，序列 0.9，0.99，0.999，0.9999，…的极限为 1。数学分析在探索序列与实数的关联方面可能会有不同，但是你很可能会看到这些思想的扩展。

10.3 有理数和无理数

这一节讨论有理数与无理数的区别。有很多有理数，这就带来一个问题，是否所有数都可以写成 p/q 的形式。毕竟，p 和 q 有很多种组合。

只需再想想小数展开，就会有不同看法。所有有理数都可以表示为循环小数，很明显还有许多不循环的小数展开。取一个循环小数展开，很容易想象如何把它搞乱，用各种方法得到不循环的展开(很容易但工作量很大——需要把它搞得足够乱)。因此，小数展开的思想能让我们洞察到无理数的存在，但它很难刻画无理数：要完整地表达无理数，必须写出无穷多位，没有人能做到。

但是，通过间接方法，不难判断一些熟悉的数是无理数。“间接”的大概意思是，我们不是(直接)证明某事为真，而是(间接)证明某事**不可能**为真。这听起来不咋地，但事实上它可以得出一些漂亮的证明。一个经典例子就是用反证法证明$\sqrt{2}$是无理数。要理解下面的证明，你需要知道标记 $2|p$ 读作“2 整除 p”，意思是 2 是 p 的因数。另外还要注意区分符号“|”和“/”。

断言：$\sqrt{2}$是无理数。

证明：假设断言不成立，即$\sqrt{2}\in\mathbb{Q}$。

则 $\exists\, p$，$q\in\mathbb{Z}$(其中 $q\neq 0$)使得$\sqrt{2}=p/q$ 且 p 和 q 没有公因数。

这意味着 $2=p^2/q^2$，因此 $2q^2=p^2$。

因此 $2|p^2$。

但这样就有 $2|p$，因为 2 是素数。

令 $p=2k$，其中 $k\in\mathbb{Z}$，

则 $2q^2=4k^2$，

因此 $q^2=2k^2$。

因此 $2|q^2$。

但这样就有 $2|q$，因为 2 是素数。

因此 p 和 q 有公因数 2。

但这与假设矛盾。

因此 $\sqrt{2}\notin\mathbb{Q}$。

还有其他数能证明是无理数吗？用 $\sqrt{3}$ 替换 $\sqrt{2}$ 论证仍然成立吗？显然不能用 $\sqrt{4}$ 替换，因为 $\sqrt{4}$ 不是无理数。在哪一步论证会失效呢？是否有多个步骤不适用于 $\sqrt{4}$，还是只有一个关键步骤无效？能用 $\sqrt{6}$ 替换 $\sqrt{2}$ 吗？如果可以，需要怎么改？你应该养成问自己这些问题的习惯。请注意，并非所有无理数都是以平方根的形式出现。事实上，很重要的一点是，无理数比有理数多得多——请自己寻找证明。

典型的数学分析课程将介绍有理数和无理数，以及它们的组合。例如，对两个有理数进行多次运算得到的总是有理数。为什么？两个无理数相乘得到的总是无理数吗？这里要小心——答案是否定的，老师喜欢问这样的问题，以引导同学们仔细思考。用无理数乘有理数呢？这里也容易犯错，因为 0 是有理数，任何数乘以 0 等于 0。但是，如果有理数不是 0，就会得到另一个无理数。这也可以用反证法证明：

定理 若 $x\in\mathbb{Q}$，$x\neq 0$ 且 $y\notin\mathbb{Q}$，则 $xy\notin\mathbb{Q}$。

证明： 由于 $x\in\mathbb{Q}$ 且 $x\neq 0$，

因此 $\exists\, p$，$q\in\mathbb{Z}$(其中 $q\neq 0$)使得 $x=p/q$，且 $p\neq 0$。

又 $y \notin \mathbb{Q}$，

利用反证法，假设 $xy \in \mathbb{Q}$，

这意味着 $\exists r$，$s \in \mathbb{Z}$(其中 $s \neq 0$)使得 $xy = r/s$。

这样就有 $y = \frac{q}{p} \times \frac{r}{s} = \frac{qr}{ps}$。

由于 p，q，r，$s \in \mathbb{Z}$，

因此 $qr \in \mathbb{Z}$，$ps \in \mathbb{Z}$。

由于 $p \neq 0$ 和 $s \neq 0$，

因此 $ps \neq 0$。

因此 $y \in \mathbb{Q}$。

但这与前提矛盾。

因此 $xy \notin \mathbb{Q}$。

处理无理数时经常用反证法，因为很难直接处理。思路大致是这样："我知道这个数是无理数，但是有理数更容易处理，所以让我们假设它是有理数，然后得出矛盾。"

10.4 实数公理

我们已经证明了一些实数是有理数，一些是无理数。但依然有很多东西对所有实数都成立，这些**公理**是本节的主题。

回顾一下 2.2 节列出的这些公理：

$\forall a$，$b \in \mathbb{R}$，$a + b = b + a$[加法交换律]；

$\exists 0 \in \mathbb{R}$ 使得 $\forall a \in \mathbb{R}$，$a + 0 = a = 0 + a$[加法单位元存在性]。

大家都相信这些公理是正确的。但怎么证明呢？哲学给出的有趣答案是，

我们无法证明。不可能检查所有实数对 a 和 b，以确证 $a+b=b+a$ 是对的。从哲学上讲，柏拉图主义者相信实数是存在的，而这样的公理就是人类用来刻画它们的一个性质。形式主义者认为，这样的公理是一个定义，规定了一个集合的性质，我们称这个集合的元素为实数；对于形式主义者，$2+3=3+2$ 是对的，是**因为公理是这样说的**。这不是一个问题，如果你是学的数学专业，可能会学习如何构建满足自然数、整数、有理数和实数的公理的集合。对于这本书来说，这个问题太深了，但是我们也可以思考简单数学背后的哲学假设。

实数公理有很多，这只是其中两条，下面给出了一张公理表。其中一些公理有名称，后面列出了这些名称。你认为哪个名称和哪条公理相配？(这个问题不难——考虑到你已经知道的东西，应该能够正确回答其中大多数。)

实数公理

1. $\forall a, b \in \mathbb{R}$，$a+b \in \mathbb{R}$。
2. $\forall a, b \in \mathbb{R}$，$ab \in \mathbb{R}$。
3. $\forall a, b, c \in \mathbb{R}$，$(a+b)+c=a+(b+c)$。
4. $\forall a, b \in \mathbb{R}$，$a+b=b+a$。
5. $\exists 0 \in \mathbb{R}$ 使得 $\forall a \in \mathbb{R}$，$a+0=a=0+a$。
6. $\forall a \in \mathbb{R}$，$\exists (-a) \in \mathbb{R}$ 使得 $a+(-a)=0=(-a)+a$。
7. $\forall a, b, c \in \mathbb{R}$，$(ab)c=a(bc)$。
8. $\forall a, b \in \mathbb{R}$，$ab=ba$。
9. $\exists 1 \in \mathbb{R}$ 使得 $\forall a \in \mathbb{R}$，$a \cdot 1=a=1 \cdot a$。
10. $\forall a \in \mathbb{R} \setminus \{0\}$，$\exists a^{-1} \in \mathbb{R}$ 使得 $aa^{-1}=1=a^{-1}a$。
11. $\forall a, b, c \in \mathbb{R}$，$a(b+c)=ab+ac$。
12. $\forall a, b \in \mathbb{R}$，$a<b$、$a=b$ 和 $a>b$ 这三种关系有且仅有一种成立。
13. $\forall a, b, c \in \mathbb{R}$，若 $a<b$ 且 $b<c$，则 $a<c$。

14. $\forall a, b, c \in \mathbb{R}$，若 $a < b$ 则 $a + c < b + c$。

15. $\forall a, b, c \in \mathbb{R}$，若 $a < b$ 且 $c > 0$，则 $ca < cb$。

公理名称		
乘法封闭性	乘法结合律	乘法单位元
三岐性	加法结合律	加法交换律
乘法逆元	加法封闭性	乘法交换律
加法逆元	传递性	分配律
加法单位元		

公理的名称有点长，同学们经常记不住。记名称并不重要——你不知道公理名称也可以使用它。但是名称能凸显公理之间的关联，也有助于交流。例如，加法和乘法都是可交换的——它们都有这个性质，所以最好用同一个词来描述。数学家还研究复数、函数、矩阵、对称性、向量，等等——这些对象有许多可以相加或相乘，我们可以问加法和乘法是否仍然是可交换的。此外，受限的公理集定义了**向量空间**、**群**、**环**和**域**等结构，这些结构在线性代数和抽象代数中都有研究。公理的命名使得比较和讨论这些结构变得更容易。

回到实数，还有一个问题。在哪些公理中，我们可以用 $\mathbb{Q}$ 代替 $\mathbb{R}$?请回顾一下前面，然后自行思考。

10.5 完备性

前面问题的答案是都可以：如果我们用 $\mathbb{Q}$ 代替 $\mathbb{R}$，这 15 条公理仍然适用。所以这么长的公理列表不足以区分实数和有理数。我们还需要其他东西，这个东西被称为**完备性**。

完备性的思想并不复杂，但理解它需要集合 $X \subseteq \mathbb{R}$ 的**上确界**的概念。

定义：U 是 $X\subseteq\mathbb{R}$ 的**上确界**，当且仅当

1. $\forall x\in X$，$x\leqslant U$；
2. 若 u 是 X 的上界，则 $U\leqslant u$。

上确界有时也称为**最小上界**。你知道为什么吗？定义中的第 1 条意味着 U 是 X 的上界(见 2.6 节)，第 2 条意味着它是所有可能的上界中最小的。有些同学会沿着非形式化思路走得太远，认为上确界就是集合的最大元素。这是错误的，因为不是所有集合都有最大元素。有些集合的确有：集合$[1,5]=\{x\in\mathbb{R}|1\leqslant x\leqslant 5\}$有最大值 5，5 也是它的上确界(与定义相对照)。但是集合$(1,5)=\{x\in\mathbb{R}|1<x<5\}$没有最大元素：无论我们选择什么样的 $x\in(1,5)$，都能找到更大的元素。这个集合$(1,5)$仍然有上确界，它的上确界也是 5(请再次对照)，只是 5 不属于集合$(1,5)$。因此，重视定义，避免被非形式化思维误导是非常重要的。不坚定的同学往往发现很难构造与上确界有关的证明，不是因为定义的逻辑有多复杂，而是因为他们认为自己理解了这个概念，所以没有想到去引用定义。

类似的还有**下确界**，也称为**最大下界**。你能给出**下确界**的定义吗？为什么不能假设集合的下确界是它的最小元素？

有了上确界的定义，就可以引入完备性：

完备性公理：$\mathbb{R}$ 的所有有上界的非空子集都有属于 $\mathbb{R}$ 的上确界。

完备性公理抓住了实数和有理数的区别；这个公理中的 $\mathbb{R}$ 不能替换为 $\mathbb{Q}$。例如，集合$\{x\in\mathbb{Q}|x^2<2\}$没有属于 $\mathbb{Q}$ 的上确界；它的上确界是$\sqrt{2}$，$\sqrt{2}$属于 $\mathbb{R}$ 但不属于 $\mathbb{Q}$——如果我们生活在只有有理数的世界，放大数轴后我们会发现一个洞，那里本来是$\sqrt{2}$的位置。正因如此，人们有时非形式化地描述完备性公理为

“数轴上没有漏洞。”

这并不让人感到惊讶，因为大家本来就认为数轴上没有漏洞。但是，数学分析再一次凸显了我们认为理所当然的哲学假设。我们想要假设数轴上没有漏洞，所以为了使实数系公理化，我们需要明确地说明这一点。

有了完备性，就可以更深入地理解数学分析中的其他结果。例如，还记得 5.4 节的可能定理吗？

- 所有有界单调序列都收敛。

这条定理是正确的，对大多数人来说，似乎也符合直观：如果序列(a_n)一直递增，而且比如说以 u 为上界，就必然有无穷多项“夹在”a_1 和 u 之间。实际上，极限就是所有序列项集$\{a_n \mid n \in \mathbb{N}\}$的上确界 U。注意序列中的各项有可能都不等于极限，也就是说上确界 U 可能不属于集合$\{a_n \mid n \in \mathbb{N}\}$。

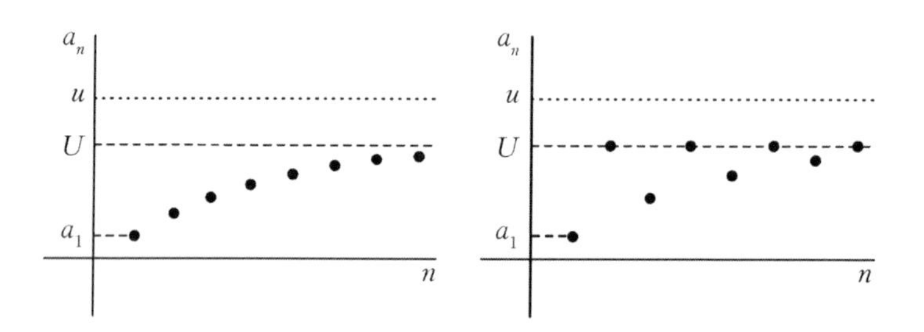

不管怎样，这条定理是正确的，因为 $\mathbb{R}$ 是完备的。如果没有完备性，一些明显收敛的序列就没有极限了。举个例子，考虑这样一个序列，其中第 n 项是$\sqrt{3}$的 n 位小数近似值：$\{1.7, 1.73, 1.732, \cdots\}$。如果我们生活在只有有理数的世界，这个序列会存在（每项都是有理数——例如 $1.732=1732/1000$），但它没有极限。

类似地，思考一下 7.9 节的介值定理：

介值定理：

设 f 在$[a, b]$上连续，且 y 介于$f(a)$和 $f(b)$之间，则$\exists c\in(a, b)$使得 $f(c)=y$。

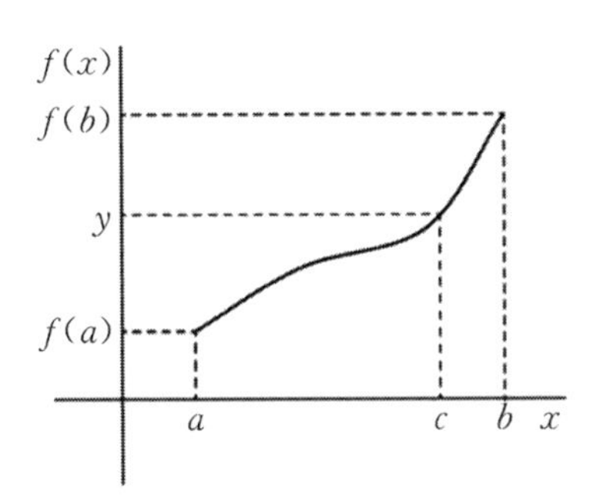

这也是正确的，它的证明同样依赖完备性。如果实数不完备，函数的曲线就会有“洞”，而且可能会有某个值 y 没有对应的c。一个典型的证明会用到集合 $X=\{x\in[a, b] \mid f(x)<y\}$；$X$ 是 $\mathbb{R}$ 的有界子集，根据完备性公理，它必定有属于 $\mathbb{R}$ 的上确界 c，并且 $f(c)=y$ 必定为真。还需要补充细节，思考下面的图能帮助你理解证明——在这两个例子中，$c=\sup X$在哪个位置？

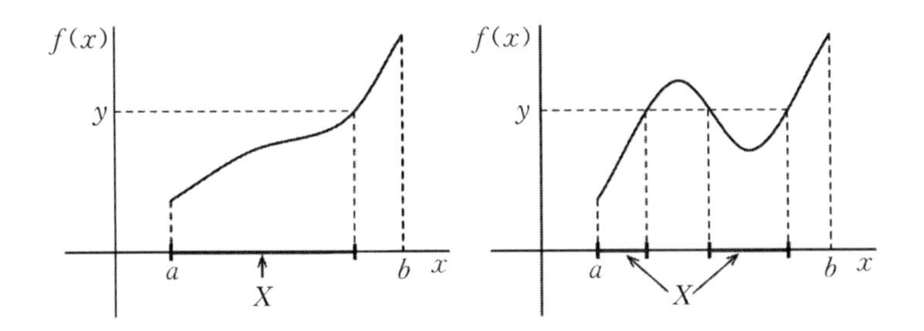

10.6　前瞻

这一章介绍了数学分析中可能会遇到的关于实数的思想。你的课程可能不会超出这个范围太多。应用数学一般只涉及数的性质，但公理和定义仍然是必要的背景知识。纯数学则会在很多方面拓展这些思想。

有一个值得学习的知识是根据不同类型方程的解来对数进行分类。例如，有理数“很好”，因为它们是线性方程的解，例如 $3x-4=0$。无理数不是很好，但有些是二次方程的解，例如 $x^2-2=0$。一般来说，如果一个数是整系数方程 $a_nx^n+\cdots+a_2x^2+a_1x+a_0=0$ 的解，那它就是**代数数**。然而，有些无理数甚至连这个都不是。例如，e 和 π 都是**超越数**，这意味着它们不能满足任何这样的方程；你可能会看到证明。你也可以研究代数方程解的集合的性质，伽罗瓦理论就是研究由这些解构成的抽象群的结构，它在几何学和抽象代数中都有深远意义。

还有一个值得深入学习的是公理系统。前面曾提到过，向量空间、群、环和域这些结构都是由 10.4 节列出的公理的子集定义的；如果学数学专业，就需要学习这些结构和关于它们的性质的一般定理。你也可以思考一下熟悉的那些数学集合——ℕ、ℤ、ℚ、ℂ(所有复数的集合)、所有三维向量的集合、所有 2×2 矩阵的集合，等等——满足其中哪些公理。请注意，有些公理对某些结构不成立——例如，整数集 ℤ 有加法逆元，但没有乘法逆元。有些公理可能根本不适用：序公理(关于不等式的公理)对于复数或矩阵没有意义——说一个矩阵“小于”另一个矩阵是什么意思？因此这些系统能够执行的数学运算以及适用的定理和理论存在根本差异。

你还可以选修一门基础性课程。这类课程可能会用等价关系来刻画有理数，澄清$\frac{1}{2}=\frac{2}{4}=\frac{3}{6}=\cdots$的意义，并证明所有有理数的代数性质都遵守这些关系。它也可能会涉及更基础的层面，用集合论来构造自然数、整数、有理数和实数。这类课程触及了数学的核心，要求同学们不要再把他们的基础数学知识视为理所当然，所以很有挑战性。

总结

简要回顾书中的观点，指出在学习分析时要牢记的事情。

这本书介绍了数学分析中所有重要的主题——序列、级数、连续、可微、可积和实数——详细阐释了重要的定义。但是它没有阐释教材或课程中所有的定理和证明。这本书的目的是讲授一些有用的技能，让你能顺利学习这门课。鉴于这个目的，建议你在放下书之前复习一遍第Ⅰ部分，现在你对课程内容已经有了更多了解，对那些建议应该会有更深刻的认识。

基于这本书的目的，我在写作时有更多自由，加入一些我认为特别有趣的内容。包括优雅的论证、好的技巧或提供直观洞察的图形化表示。还有一些内容之所以有趣是因为违反直觉：特别是级数会让思维感到惊讶，让许多同学认识到，尽管他们已经掌握了很多数学知识，但仍有更深刻的思想值得探索。

学习数学分析不仅仅是对现有知识的拓展，更是通过审视数学的基础来获得新的视角。我有时会想，同学们可能想要学习更高级的技能，对钻研基础很难有耐心。事实并非如此，同学们经常告诉我，他们发现学习熟悉的数学背后的思想很有趣。即使数学分析不是你最感兴趣的——你可能更喜欢研究现实世界的模型或别的什么东西——我还是希望这本书能让你明白数学分析的作用，以及为什么学好数学分析很重要。

这本书的结束只是你学习数学分析的开始。有少数同学会去研究这些思想的高级版本。有些同学会选修将这些思想扩展到复分析、微分几何、度量空间和拓扑学等领域的课程。大部分同学会学习一到两门涉及这里介绍的内容并填补空白的课程。书中的内容今后还有很多地方需要用到，因此这里再快速回顾一下应当记住的要点。

首先，在学习数学分析时要时刻关注定义。高等数学很依赖定义，你在学习新内容时要找的第一个东西就是定义，否则不可能真正理解所学的内容。后面你也需要随时想到定义。几乎每周我都会和同学们有这样的对话：

同学：我不明白概念 X 是怎么回事。

我：那你说说概念 X 是什么意思？

同学：我真不知道——我知道它是关于……嗯……我解释不清。

我：嗯，没关系。当我们不知道高等数学中的某个东西是什么意思时，该怎么办？

同学：(因为我每周都会问这个问题，同学会有点不好意思，开始翻阅笔记)读定义……。

这并不是说同学们做得不好，其实他们很聪明，也很勤奋。但是他们对高等数学是新手，他们习惯学习计算步骤，而不是思考概念和逻辑论证。有时他们只是因为没有重视定义，所以思路混乱，不知道应当回到关键概念上来。记住这一点，学习会更轻松。

其次，阅读笔记或课本要掌握方法。数学表述要读完整，而不是只看代数部分。最好是读出声来，特别是被难住的时候。我在课后辅导时和同学们经常还会有这样的对话：

同学：(看起来有点紧张)这个证明我不太懂。

我：嗯，没关系。能不能大声读出来，看看你是在哪里卡住了？

同学：好的。“设从 ℝ 映射到 ℝ 的函数 f 可微……”[读到一半]……哦！我明白了。

我：还需要我解释吗？

同学：不用了，谢谢。

我其实什么都没做。当然，这种情况并非每次都会发生——有时候同学确实会被难住，我也会帮助解决问题。但确实有很多同学只需听自己朗读就能解决问题。我经常什么都没做，他们就懂了，也更自信了。

与此相关的一点是，要主动争取多讲述数学。一开始你可能不擅长讲述——本来你觉得自己已经理解透彻了，让你讲的时候却毫无章法，没有逻辑。这是正常的。但如果你想在考试和报告中流畅地表达数学，你就需要掌握它，而如果不练习，你是做不到的。我在课堂上会尽量给同学们创造机会来大胆讲述，但无法让所有人都有机会。我建议你建立一个学习小组，互相创造机会练习讲述数学。不管怎样，只要积极主动，就会更快地掌握这个技能。

第三，将图或其他非形式化表示与形式化数学关联起来。学数学分析的同学经常告诉我，他们“理解了意思”，但是对笔记不是很理解。如果我要求他们讲述自己的理解，他们可以通过做手势或画图来解释。他们的理解差不多是对的，但没有将这种理解与相关定义、定理或证明中的表达式关联起来。这个问题通常可以通过认真阅读课本或笔记来解决，将每句话与图明确关联，并在图上详细添加标记。同学们有时候会嫌麻烦，他们认为自己应该快速阅读。其实不是这么回事。让速度慢下来，理解这些关联，会让你更深刻地理解这些符号语句的意义和图的微妙之处，从而加深印象，让你能自如地在两者之间转换。这样细致梳理几次后，你会做得更快，这时你会发现你已经不需要这样做了。

第四，在思考数学时，尽量在纸上写下来。有时，同学们面对白纸会不知所措——他们无法下笔，不知道该如何写出完美的计算或证明。这里有一部分原因在于老师。老师在课堂上总是给出完美的演示，流畅地写下完全正确的证明。这让一些同学形成了这样的印象，他们应该也能做到。但老师之所以能够这么流畅，是因为**备了课**。如果让你上台讲课，你肯定也会做好充分准备。没有人想当着 200 人出丑，所以我会提前准备好要说什么和怎么说。如果你看到我学习数学的过程，或者我为课堂上的某个问题准备标准答案，你就会看到我做笔记、画图、代数推导、划掉一部分重写，并斟酌用怎样的顺序阐释会更好。我可能会比你快一点，但思考的过程是差不多的。

把你的思考写出来，说得深奥一点就是“将你的认知投射到环境中”。充分利用纸笔记下自己的想法，便于以后反思，搭建新的链接。这尤其适用于刚开始做证明的时候。根据相关的定义写出你知道的（前提），然后根据相关的定义写出你想证明的（结论），然后看着它们并思考。如果还是没有头绪，把可能有用的定理也写出来，或者画图，用具体的例子验证一下。你的大脑无法同时思考所有可能相关的东西，所以不要干坐着想——把它们写在纸上。不要拘泥于用“数学的”方式写出你的想法。很多同学认为应该用符号表述一切，我建议随便用什么形式都可以，写出来之后再转换，只是注意不要让形式分散你的注意力。数学家并不认为正确的罗嗦讲述和正确的符号表达有什么本质区别。在批改试卷时，只要同学们正确理解并给出了清晰表述，我就会给高分。

第五，学习时注意劳逸结合。如果一遇到困难就放弃，永远都不会学有所成，但是那些学习时间最长的同学也没什么收获。如果学累了还硬要坚持，你会越来越没效率；如果经常这样做，你会耗尽自己的精力。在学期的第十周，同学们似乎都已经筋疲力尽；上课时全班都无精打采。说实话我也很沮丧——我发现大家差不多都是在相同的时间节点碰壁。如果连续十周学习很难的新课，筋疲力尽是正常的，没有人应该受到批评。你应该休息一下，让自己动起来。去健身，去购物，整理一下柜子，或者和朋友聚餐。让身体动起来能让你的大脑清醒。

第六，珍惜犯错的机会。在学数学分析时你会犯很多错。老师都很喜欢这门课，因为很多定理都有似是而非的逆定理，很便于在考试和上课时提出有挑战性的判断或选择题。我喜欢在课堂上让同学们对问题答案投票，这样同学们就会明白，原来大家都会犯错。我会提醒同学们，错了没关系，关键是要积极思考，并改进自己的思维。我很高兴看到课堂气氛活跃，大家都积极给出自己的答案，而且错了的时候，仍然能保持愉悦的心态。

我认为愉悦和积极的心态可能是学好的关键。我最欣赏的就是学生能有良好的心态，这样他们一定能处理好自己的生活和学习。大家都会犯错。但是当他们意识到自己犯了错时，会哈哈大笑，课堂充满了愉悦的氛围。然后我们会将问题厘清，再继续前进。我认为这属于个性，我很欣赏这种个性。人们在遇到新挑战时容易感到不安，而一旦你感到不安，会倾向于认为犯错会给自己带来不好的影响。但其实没什么关系。每个人在学习数学分析这样的课程时，都会犯很多错，也难免感到困惑。如果你能以自嘲的心态面对自己的错误，并以此为契机改进自己的思维，那么你的朋友、班级、老师和你自己都将从中受益。

符号表

符号	意义	引入处
$\mathbb{N}$	自然数集	1
$\forall$	任意	1
$\exists$	存在	1
max	最大值	1
$\{N_1, N_2\}$	包含 N_1 和 N_2 的集合	1
s. t.	使得	2.2
$\mathbb{R}$	实数集	2.2
$\in$	属于　或　…是…的元素	2.2
$f: X\to\mathbb{R}$	从 X 映射到 $\mathbb{R}$ 的函数 f	2.4
$\notin$	不属于　或　…不是…的元素	2.5
$\{x\in\mathbb{R} \mid x^2<3\}$	$x^2<3$ 的所有实数 x	2.6
$[a, b]$	闭区间	2.7
(a, b)	开区间	2.7
$\Rightarrow$	蕴含	2.10
$\Leftrightarrow$	等价于　或　当且仅当	2.10
$\subseteq$	…是…的子集	3.2
$X\cup Y$	X 并 Y	3.2

续表

符号	意义	引入处
(a_n)	序列	1
ε	epsilon(希腊字母)	1
$\to$	趋向于　或　收敛于	1
$\lim\limits_{n\to\infty} a_n$	当 n 趋向无穷大时 a_n 的极限	5.7
∞	无穷大	5.7
$\sum$	sigma(用于求和的希腊字母)	6.2
$\mathbb{Z}$	整数集	7.3
δ	delta(希腊字母)	7.4
$\lim\limits_{x\to a} f(x)$	x 趋近 a 时 $f(x)$ 的极限	7.6
$x\to 0^+$	x 从正方向趋近 0	8.5
$T_n[f, a]$	f 在 a 处的 n 阶泰勒多项式	8.7
$f^{(n)}(a)$	f 在 a 处的 n 阶导数	8.7
$U(f; P)$	P 划分下 f 的上黎曼和	9.4
$L(f; P)$	P 划分下 f 的下黎曼和	9.4
$\mathbb{Q}$	有理数集	10.2
$2\mid p$	2 整除 p　或　2 是 p 的因数	10.3
sup	上确界	9.4
inf	下确界	9.4
$\mathbb{C}$	复数集	9.9

图书在版编目（CIP）数据

数学分析应该这样学/（英）劳拉·阿尔柯克著；唐璐译. —长沙：湖南科学技术出版社，2023.4（2024.7 重印）

书名原文：How to Think about Analysis

ISBN 978-7-5710-2068-2

Ⅰ.①数… Ⅱ.①劳… ②唐… Ⅲ.①数学分析 Ⅳ.①O17

中国国家版本馆 CIP 数据核字(2023)第 025078 号

How to Think about Analysis

本书根据牛津大学 2016 年版本译出

著作权合同登记号：18-2021-218

SHUXUE FENXI YINGGAI ZHEYANGXUE

数学分析应该这样学

著　　者：[英] 劳拉·阿尔柯克

译　　者：唐　璐

出 版 人：潘晓山

策划编辑：吴　炜　李　蓓　孙桂均

责任编辑：吴　炜　李　蓓

出版发行：湖南科学技术出版社

社　　址：长沙市芙蓉中路一段 416 号泊富国际金融中心

网　　址：http://www.hnstp.com

湖南科学技术出版社天猫旗舰店网址：

http://hnkjcbs.tmall.com

印　　刷：长沙鸿和印务有限公司

厂　　址：长沙市望城区普瑞西路858号

邮　　编：410200

版　　次：2023 年 4 月第 1 版

印　　次：2024 年 7 月第 2 次印刷

开　　本：710mm×1000mm　1/16

印　　张：14.75

字　　数：208 千字

书　　号：ISBN 978-7-5710-2068-2

定　　价：79.00 元